蜂鸟网　著

U0288537

蜂鸟摄影学院
Photoshop
后期宝典（修订版）

人民邮电出版社

北京

图书在版编目（ＣＩＰ）数据

蜂鸟摄影学院Photoshop后期宝典 / 蜂鸟网著. --
修订本. -- 北京 ：人民邮电出版社，2022.2
ISBN 978-7-115-53385-2

Ⅰ. ①蜂… Ⅱ. ①蜂… Ⅲ. ①图象处理软件 Ⅳ.
①TP391.413

中国版本图书馆CIP数据核字(2020)第027887号

内 容 提 要

蜂鸟摄影学院系列丛书是蜂鸟网根据广大影友学习摄影的需求推出的系列摄影教程。近年来，随着数码摄影的不断深入和普及，摄影爱好者学习后期技法的要求越来越迫切。本书根据摄影师调整图片的流程，从图片的剪裁、修复，改善曝光，白平衡校正，锐度的修正，镜头校正，图片的导出，影调的调整，图片降噪，色彩的校正，风光摄影作品的修图技法和人像写真摄影作品的修图技法，以及照片不同风格的修饰等进行全新地编写和阐释。

另外，为了便于广大读者学习本书的内容，本书还提供了案例的素材文件，读者可以边看边练，熟练掌握后期修图技法。

本书特别适合广大摄影爱好者和后期初学者进行学习参考。

- ◆ 著　　　　　蜂鸟网
　　责任编辑　　胡　岩
　　责任印制　　陈　犇
- ◆ 人民邮电出版社出版发行　　北京市丰台区成寿寺路 11 号
　　邮编　100164　　电子邮件　315@ptpress.com.cn
　　网址　https://www.ptpress.com.cn
　　北京宝隆世纪印刷有限公司印刷
- ◆ 开本：787×1092　1/16
　　印张：21.5　　　　　　　　2022 年 2 月第 2 版
　　字数：549 千字　　　　　2022 年 2 月北京第 1 次印刷

定价：168.00 元

读者服务热线：(010)81055296　印装质量热线：(010)81055316
反盗版热线：(010)81055315
广告经营许可证：京东市监广登字 20170147 号

前言

　　有很多人问我，后期处理过的摄影作品，还算不算摄影？其实，在这个无后期不摄影的数码时代，你完全不必纠结用不用后期处理的问题。一些摄影人对此会有些成见。然而，后期与前期有着千丝万缕的联系，没有好与不好之分。很多时候你在拍摄时会受到各种因素影响，比如光线不好、角度不佳、有干扰等，太多不确定的因素导致照片拍出来不够完美，那就需要适当地使用一些后期处理技巧来弥补画面的不足。

　　另外，我们可以在后期处理的帮助下更好地指导前期拍摄，给摄影创作留下更大的空间。所以，请读者朋友们放下成见，带着前瞻的眼光来学习后期处理，通过这本书由浅入深地学习后期技巧，从而提升自己的摄影水平，以此实现自己的创意，令自己的作品得到更大的共鸣。

—— 蜂鸟网总编　窦瑞冬

目录 Contents

将作品导出

10

影调

11

摄影后期中的
色彩问题

12

风光摄影后期

13

人像摄影后期

14

照片风格后期

15

资源下载说明

　　本书附赠案例配套素材文件，扫描"资源下载"二维码，关注"ptpress 摄影客"微信公众号，回复本书 51 页左下角的 5 位数字，即可获得下载方式。资源下载过程中如有疑问，可通过客服邮箱与我们联系。

　　客服邮箱：songyuanyuan@ptpress.com.cn

第 **1** 章

摄影后期综述

本章主要给大家普及一些数码照片后期处理的基础知识，包括摄影后期对硬件设备的要求、各种记录格式的用法、不同系统的选择，以及显示器的评测。对这些基础知识的了解将有助于我们更好地学习后期。

1.1
摄影后期专业知识扫盲

在正式介绍摄影后期之前，需要先向大家介绍一些基础知识。这些知识能够帮助您扫除专业上的基础障碍，了解它以后才算是真正进入后期处理的门槛。

■ 1.1.1 照片格式详解

在存储照片文件的时候，经常会看到各种各样的格式，初学者容易看花眼，那么如何辨别呢？下面我们就对摄影后期中最常见的几种照片格式做一个简单的讲解。

原片格式：不同的相机有不同的对应格式，如 DNG、NEF、CR2 等。如果您使用的是原片，在 Camera Raw 中就完成了照片的修饰工作，并没有进入到 Photoshop 中继续加工，那么就不需要存储 PSD 格式了，在调整后您只需单击"完成"即可。有的原片格式（如 CR2）存储后，会在文件夹内自动多出来一个同名的 XMP 文件，千万不要删除它，它记录了在 Camera Raw 中修改的内容。如果删除 XMP 文件，那么之前在 Camera Raw 中的调整就消失了。

PSD 格式：又称为 Photoshop 格式，这个格式是所有进入 Photoshop 中编辑过的照片都要存储的格式，PSD 格式保留了在 Photoshop 中编辑的图层、滤镜、调整图层等信息。保存以后再次打开 PSD 格式的文件，之前编辑的图层、滤镜、调整图层等信息还存在，可以继续修改或者编辑。

DSC_0809.jpg　　DSC_0809.NEF　　DSC_0809.psd　　DSC_0809.TIF

DSC_0809.NEF　　　　　DSC_0809.xmp

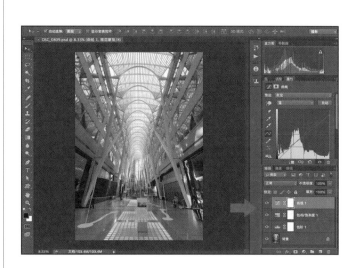

TIFF 格式：所有专业的照片输出，比如印刷、作品集等都应该采用TIFF 格式，存储后虽然文件量变得很大，但这是最完整地保存了图片信息的一种格式。为了质量，牺牲点硬盘空间吧！

JPEG 格式：最常用的压缩格式，人们在手机、计算机屏幕中观看的照片往往不需要高质量的显示，而较小的存储空间和相对高质量的画质就是我们追求的目标了，因此选择 JPEG格式作为最常用的一种压缩格式，它既能满足在屏幕上观看照片的质量，又可以大幅缩小照片占用的存储空间。

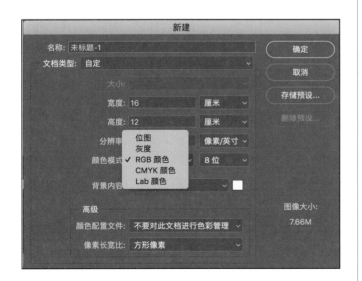

■ 1.1.2 颜色模式与颜色配置文件

这两个是我们平时不常接触的概念，很多朋友接触摄影很多年都很少涉及这个部分。其实，在设置这两个颜色选项的时候是有一些讲究的，下面就向大家详细介绍。

颜色模式：在颜色模式的选项中需要注意的是，有 RGB、CMYK、Lab 三种颜色模式。有一种说法：凡是印刷都选择 CMYK 模式，凡是显示器观看就选择 RGB 模式。这样的说法其实有一定的误导性，特别是对于初学者。在这里我们的建议是，调修图像的时候使用 RGB 模式，如果印刷的时候有需要再最后调整为 CMYK 模式检验。因为凡是 CMYK 模式的设置都应与工作设备有关，基于油墨和纸张的组合设置，这是后期印刷厂的主要工作而不是摄影爱好者要关心的。特别是很多后期的操作，CMYK 模式和 RGB 模式是不一样的，所以建议大家先使用好 RGB 颜色模式。Lab 模式是基于人眼对颜色的感觉设置的模型，它不受限于设备，因此色彩范围要大于 RGB 或 CMYK，所以有人会将部分后期处理转换到 Lab 模式进行操作。

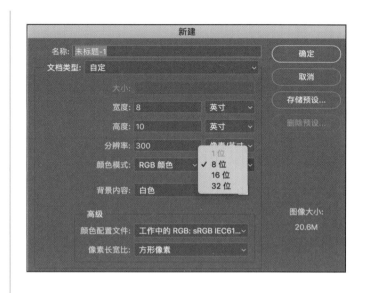

颜色模式的位深度：在 Photoshop 中经常会看到 8 位、16 位、32 位这样的字眼，这表示的是颜色深度，用通俗的话来说就是颜色的丰富程度。不难理解位数越高，颜色就越多，但为什么绝大多数情况都是 8 位呢？这是因为它运算快，能适用于所有的滤镜和特效，只要不是很挑剔，基本能满足我们日常的使用。如果有需要可以将颜色调整为 16 位，但这是极少数情况，调整后运算会变慢，颜色的丰富程度会呈几何级数增长，但这样丰富的效果是在少数要求极高的印刷品中需要的。32 位色深在摄影后期中几乎不常用。

颜色配置文件：下拉菜单中需要记住 sRGB 和 Adobe RGB。在只为 Web 准备图像时，建议使用 sRGB。在处理专业数码相机的图像或者准备打印文档时，建议使用 Adobe RGB。

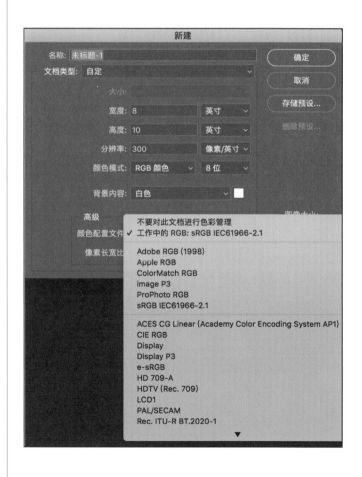

工欲善其事，必先利其器。对于摄影爱好者来说，想要做好后期，对于做后期的工具有必要有一个全面的了解，以便有针对性地选择设备。本节将从 PC、苹果计算机和专业设备这三个方面来探讨摄影后期的工具问题。

1.2 设备的选购

■ 1.2.1 PC 设备的选购

首先，选择品牌机或者自己组装计算机均可，在这方面不用心存芥蒂。有些"发烧友"一味地追求自己组装计算机，虽然目的明确，可以根据自己的需求选择合适的配置组合，但这仅仅是针对少部分深入了解计算机的朋友而言，对于我们多数普通用户来说，选择信得过的大品牌台式计算机，也是不错的选择。各大品牌对于各个配置的兼容性有着较高的要求，您可以轻松地选择兼容性良好的机型。

接下来要注意，尽量选购台式机而非一体机。现阶段各个品牌的一体机大行其道，这是时代发展的趋势，但对于摄影后期来说，并不是明智的选择。

关于计算机的具体配置有以下几点值得注意。

1.CPU：如果只是调调图，不涉及过多的图层，目前主流的四核 CPU 均可以满足要求，如果资金足够可以考虑中高端 CPU，但绝不能只看 CPU 一个参数，内存、硬盘配置都要匹配才可以。除非极个别处理大图的情况下，多数摄影后期对于机器的 CPU 没有过于苛刻的要求。

2. 内存：早期我们做图的时候，256MB 的内存用 Photoshop 也没有任何问题，但是随着时代发展，Photoshop 在升级，系统在升级，摄影的设备也在升级，内存有必要随之增大。目前主流的 16GB 或 32GB 内存为相对专业的图像处理配置。值得一说的是，摄影后期不是 3D 渲染或者视频处理，因此不需要配备更高级的内存设备。

3. 硬盘：尽量选择高速硬盘。其他需要注意的是，任何硬盘都有可能会崩溃或者老化，所以建议把照片分开保存，可以保存到计算机中、移动硬盘中，不要将"鸡蛋"都放到一个"篮子"里。另外，现在随着云技术的普及，强烈建议各位朋友把自己的照片打包加密保存到云中备份，这样也方便数据的随时提取。

4. 显卡：虽然目前 Photoshop 用到独立显卡的部分不是很多，但是如果选择 PC 机器的话，还是建议尽量选择独立显卡。

以上是针对 PC 推荐的配置和选购心得，不必过分追求发烧级的高配，略高于主流配置的 PC 就可以承载大多数的摄影后期工作。

接下来要谈的是关于显示器的选购。是的，我们单独来谈显示器的问题。如果您选择了 PC，但是使用的是普通的显示器，效果会大打折扣，再好的机器，如果没有显示器的支持也是徒劳的，摄影后期对于显示器有着较高的要求。

〔注意 1〕

显示器尺寸需要选择 21 英寸以上的，当然也不用太大，最大到 27 英寸左右即可。大尺寸的显示器对于摄影后期的好处就是能够最大限度地发现照片的问题，也能够用最好的视野来进行后期操作。

〔注意 2〕

选择 IPS 面板的显示器，这个绝对是必要的选项！它的色彩还原要好于其他面板。

大可视角度、更加清晰细腻、色彩真实

〔注意 3〕

在选购 IPS 面板显示器的时候，很多参数可能会看得人眼花缭乱，我们需要对比一个关键点，就是对比各个显示器参数中的色域范围。色域范围数值越大的，相应的色彩空间也就越大，也就越能够精彩呈现我们的摄影作品。

〔注意 4〕

最后，IPS 面板也是一分钱一分货，1000 块钱左右的 IPS 面板显示器，也只比普通显示器强一点点而已，价格贵一些的专业级、广色域的显示器才是合适的选择。

■ 1.2.2 苹果设备的选购

苹果计算机是设计师、CG工作者的最爱，我们看到周围的很多"专业人士"都选择了苹果计算机作为工作设备，那么摄影后期需要选择苹果设备吗？苹果设备与PC有着什么样的区别呢？

如果您预算足够而又不愿意被各种复杂的配置所拖累，选择苹果计算机作为摄影后期的设备是个不错的选择。苹果计算机可以满足摄影后期的日常需求。下面就是选购苹果计算机的注意事项。

［注意1］

请选择苹果台式机、一体机而不是苹果笔记本，尽管后者也能够完成后期工作。做摄影后期虽然对配置有要求，但是更注重对显示器的要求，较小的屏幕仍旧会影响您的工作。

［注意2］

选购苹果计算机也就是Mac非常容易，只需根据需求来确定是选择27英寸的iMac还是21.5英寸的iMac，作为用户您只需要关注屏幕大一点好还是小一点好。如果家里条件允许，选择27英寸的会获得更佳的视野效果。

［注意3］

定好了尺寸以后，是选择高配还是低配版本，您需要考虑的只是预算。因为，不论高配还是低配的iMac都足以应付日常的绝大多数摄影后期工作。

就这么简单，选购苹果计算机除了以上内容，您就不需要再关注其他了。

■ 1.2.3 对比苹果计算机与 PC

对于没有使用过苹果计算机的用户来说，是否需要选择苹果计算机呢？苹果计算机与 PC 有什么相同之处和区别呢？这是很多用户关心的问题，下面就为大家简单梳理一下。

苹果计算机相对稳定，PC 产品参差不齐。不是说 PC 不好，而是说 PC 品牌过于纷杂，良莠不齐，而苹果公司在一两年内，倾尽全力只生产两款 iMac，设备的稳定性会相对较高。

苹果计算机昂贵，PC 产品一分钱一分货。对于不差钱又懒得分析配置的人来说，可以选择苹果计算机。对于手头预算有限或者计算机发烧友来说，可以选择最适合自己配置的 PC。

从软件上来说，摄影后期使用的 Photoshop、Bridge、Lightroom 在苹果计算机和 PC 中都有很好的支持，请大家放心使用。

将在苹果计算机中做的文件复制到 PC 中使用也没有任何问题，不存在跨平台的差异化问题。

需要注意一点，苹果计算机键盘中的 command 键对应的是 PC 的 Control 键，凡是牵扯到快捷键的时候，PC 使用的是 Control 键，对应的苹果计算机就要使用 command 键。我们在后文中介绍的快捷键也遵照这一习惯，凡是文中说到的 Control 键，苹果计算机的用户一定要记得这里指的是苹果计算机 command 键。

■ 1.2.4 专业设备的选购

用校色仪让你的显示器提升性能

用显示器校色仪校正屏幕颜色是所有职业摄影师和从事平面设计工作人士的一个共同愿望。因为当我们在不同设备的显示器上看同一张影像的时候，不同的显示器会呈现不一样的色彩。而这时如果有显示器校色仪，就会根据专业标准对显示器的色彩进行校准，可以让台式计算机、笔记本计算机或者 iPad 等多个显示屏色彩保持一致。另外，显示器的色彩还会随时间而变化，显示器校色仪通过校准让显示器的亮度和色彩达到标准状态。最后要说的是，我们在显示器上看到的与打印机输出的照片色彩也会不一致，但通过对显示器的校准就能够解决这个问题，使我们所见即所得。

如果你总是抱怨为什么自己拍出来的照片总是偏色，通过后期调修也调不准，那么我建议还是好好地校正一下颜色吧。

第2章

将照片导入到计算机

　　一场旅行回来，我们做的第一件事就是把这一路拍摄的照片导入到计算机中进行筛选、修改和管理。如何把照片导入计算机，如何更加高效地筛选照片和如何更加科学地管理照片成为了必要的工作。这些是非常容易让人忽视的环节。如果省去这个环节，会让你的计算机文件杂乱不堪，更严重的会让很多精彩的作品被遗漏。仅仅因为整理不到位而失去一幅好作品是得不偿失的。科学的管理会让我们的工作事半功倍。

2.1 将照片导入到计算机

本节主要介绍如何从相机和存储卡中将照片导入计算机。

将照片导入到计算机分以下两种情况：（1）从存储卡导入到计算机中；（2）通过原厂数据线将相机直接连接计算机导入。

这两种方法各有利弊，存储卡导入的方法方便快捷，随身携带万能读卡器即可；不足之处是需要找到一款功能相对强大、适配性尽量全的、稳定的读卡器。劣质的读卡器不仅有时会无法读取数据，而且容易毁坏存储卡中的数据。原厂数据线直接导入计算机的好处是保证能够适配各种计算机读取数据；不足之处是需要随身携带相机以及原厂数据线。

■ 2.1.1 从存储卡导入照片到计算机

［步骤 1］

首先选择一款万能的读卡器，连接存储卡到读卡器上，接下来把读卡器连接到计算机上。（如果您使用的是苹果计算机，会有专用的 SD 卡的插卡槽，直接连接即可；但如果您相机的存储卡不是 SD 卡，则需要读卡器的帮助了。）

连接到计算机后，计算机会自动读取数据，此时系统中会出现一个新增加的可移动磁盘，双击进入下一层级，打开"DCIM"文件夹。

继续双击，打开"100CANON"文件夹（此时不同的相机会显示不同的文件夹），最终我们会看到拍摄的照片呈现在文件夹内。

下面我们就要把这个文件内的所有照片"搬运"到计算机里。在文件夹内按 Control+A 组合键（苹果计算机用户选择 command+A 组合键）选中所有照片，然后单击鼠标右键，在弹出的快捷菜单中选择"复制"。

[步骤 5]

在自己的计算机硬盘中单独开辟一个文件夹并且重命名，进入新建的文件夹内，单击鼠标右键并在弹出的快捷菜单中选择"粘贴"选项。此时可以看到，大量的文件开始逐步传送到自家的计算机中。

[步骤 6]

以上过程中要注意两点。首先，PC 用户要把文件复制到 C 盘以外的硬盘中，因为 C 盘是系统盘，不建议存放过多内容。把拍摄的照片直接复制到桌面上是最不可取的一种方法，这样虽然方便，但会给计算机带来过大的负担。其次，存入到自家计算机的文件夹，一定要重命名，不能是"新建文件夹"这样草率的名字，要有明确的时间和地点，以方便日后查询。

正确的命名方式包括：准确的时间和地点

错误的命名方式：直接新建文件夹

■ 2.1.2 从相机直接导入到计算机

[步骤 1]

直接从相机导入到计算机是另一种常见的导入方式，前提是需要有数据线。将数据线与相机、计算机 USB 接口分别连接起来，如右图所示。

［步骤 2］

打开相机的开关。

［步骤 3］

此时计算机会显示"自动播放"对话框。

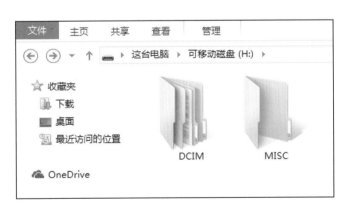

［步骤 4］

单击"打开设备以查看文件"，进入计算机的文件夹，此时系统中会出现一个新增加的可移动磁盘，双击进入下一层级，再双击"DCIM"，打开文件夹，就可以看到拍摄的照片了。

接下来就可以把需要的照片复制到计算机中了。与存储卡复制照片的方法一致，同样需要注意的是对文件夹进行重命名，以方便对文件进行管理。

2.2
学会使用
Adobe Bridge
让工作事半功倍

Adobe Bridge 有一个非常大的好处，它可以浏览 JPEG、PSD、DNG、CRW、NEF 等多种格式的图像，而这些文件通常在系统中是无法直接预览的，比如 PSD 格式的文件。不仅如此，利用 Adobe Bridge 还可以很好地对比和筛选照片，通过打分、重组等方式来实现管理照片库等功能。

■ 2.2.1 用 Adobe Bridge 浏览照片

[步骤 1]

在 Adobe Bridge 面板中右下角有一个滑块，可以用来控制缩略图的大小，用户可以根据各自的显示器的实际情况来缩放到合适的大小。通常情况下，一横排有 4 ～ 6 个缩略图为宜。

[步骤 2]

选中某一个缩略图以后，按键盘的空格键可以直接全屏浏览该照片。

［步骤 3］

如果想观察照片中某一个部分的细节，可以用鼠标左键双击该处，将此处以 100% 的尺寸显示。

2.2.2 用 Adobe Bridge 筛选照片（对比）

［步骤 1］

如左图所示，选择两张照片，然后按 Control+B 组合键，即可显示两张照片的对比情况。

[步骤2]

如果选择多张照片(按住Control 键不放,连续点选多个照片就可以选择多张照片),然后按 Control+B 组合键,即可显示多张照片的对比情况。

[步骤3]

此时照片下方显示的是照片名称,高亮显示名称的照片为当前激活的照片。如果想切换高亮显示的照片,按键盘的左右方向键操作即可。

■ 2.2.3 用 Adobe Bridge 管理照片（打分）

了解了 Adobe Bridge 的基本操作以后，用 Adobe Bridge 对照片库进行管理则是最重要的工作。下面介绍 Adobe Bridge 打分的基本方法。

［步骤 1］

用 Adobe Bridge 管理照片，大家一定要熟练掌握键盘中的数字键。键盘中的数字键有给照片打分、分类的功能。键盘中数字 1、2、3、4、5 分别代表为照片打 1 颗星、2 颗星、3 颗星、4 颗星、5 颗星，数字 0 代表没有星。如左下图所示，在选中照片的情况下，可以为照片打星号评级。（如果您的键盘中有小键盘，那么直接在小键盘上输入数字即可；如果您的键盘中没有小键盘，则需要在输入数字的同时配合按 Control 键。）

［步骤 2］

如果您需要更详细的分类管理方法，在打星号的同时可以选择键盘中的数字 6 ~ 9，6 代表选择，7 代表第二，8 代表已批准，9 代表审阅。这样打分以后，还会显示出相应的色彩。

[步骤3]

如右图所示，单击过滤器当中的
"审阅"，在 Adobe Bridge 的面
板中选择蓝色、打星号的照片，就可
以直接显示出符合条件的照片。

[步骤4]

此时也可以继续缩小范围，在评
级的选项中选择五星，此时蓝色、评
级为五星的照片就被筛选出来了，其
余的没有显示出来。

[步骤5]

在外拍中我们经常会在同一地
点拍摄多张照片，比如拍摄 HDR、
星轨、全景图等。此时推荐使用
Adobe Bridge 的成组功能。选中若
干张照片后，按住 Control+G 组合
键即可把选中的若干张照片成组，在
Adobe Bridge 中显示成为一张照片
的效果。这样既能与其他照片区分又
方便管理。

拥有整理照片的良好习惯是科学管理照片的必备基础。本节将介绍一些有关管理照片的良好习惯，包括如何保存照片、筛选照片、命名文件夹和打分等，这些好习惯将会让您的工作事半功倍。

2.3
养成良好的
整理照片的习惯

■ 2.3.1 整理照片之前需要了解的注意事项

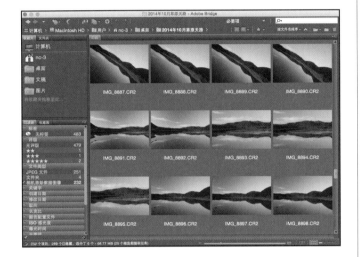

［步骤 1］

首先，不用拍摄过多的照片。对，您没看错，就是不用拍摄过多的照片。我们在外拍的时候往往有这样的情绪，希望尽量多拍摄，没准就会用上，因此会陷入过度拍摄的误区。同样一个地方的风光，如果拍摄了很多张照片（并不是为了接片或者 HDR 等专业用途），会给后期筛选照片增添许多麻烦。在很多情况下，筛选过多的照片得到的结果往往是"挑花眼"，反倒忘记当时的情境。因此，过多的照片会干扰后期调片子的思路。

［步骤 2］

其次，建议大家在拍摄的时候选择原片 RAW+JPEG 的格式。虽然原片模式为未压缩无损状态的片子，可以更好地调整曝光和色温等属性，但是我们在拍摄的一瞬间的想法和思维呈现在相机的显示器中的图像并不是原片的色彩。在多数情况下，我们在计算机上打开原片后会发现比相机显示器呈现的效果差了很多，这并不是因为计算机不好，而是原片默认的设置和相机当时拍摄的效果不一致导致的。所以多存一个 JPEG 的格式，会比较好地还原当时的情境，虽然 JPEG 格式的照片为有损压缩，但是也会对后期调整原片有一个思路上的指导。

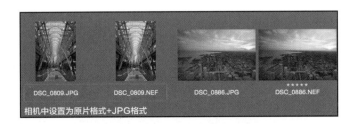

相机中设置为原片格式+JPG格式

■ 2.3.2 如何保存、整理、删除自己的照片库

[步骤 1]

拿到照片的第一件事就是要把相机存储卡中的照片复制到计算机中，此时您是否发现自己的计算机存储了太多的"新建文件夹"？养成重命名的良好习惯是必要的。我们应该修改自己要保存的文件夹名，正确的文件夹名要包括准确的时间和地点甚至是天气，这样会方便日后查找。

[步骤 2]

使用 Adobe Bridge 整理照片的时候，我们会对照片进行打分，推荐的方法是首先将虚了的照片果断删除；3 星、4 星、5 星的照片可以保留并且进行后期处理；1 星、2 星的照片直接存储为 JPEG 格式保存即可；自认为差到没有打分必要的照片可以删除。3 星为及格的照片，4 星为优秀的照片，5 星为重点要做后期处理的优秀作品。觉得删除了可惜但是又没有做后期处理价值的照片，可以酌情标记 1 星或 2 星。

[步骤 3]

强调一点：应该删除的照片要果断删除，不用犹豫。我们潜意识总觉得现在认为无用也许今后会有用，我也遇到过类似的情况，但实际的情况是这些废掉的照片存到计算机中两三年也许我都不会再看一次，而且还占用了甚至上百 GB 的硬盘空间。如果你还是狠不下心删除，可以考虑使用云存储的办法，先把所有照片备份到云上，再大刀阔斧地对自家计算机中的照片进行管理。

第 **3** 章

调整照片的正确流程

很多时候我们发现，拍回来的照片如何做后期都是由自己摸索的。其实这里面有一套完整的后期流程。如果你不熟悉，就会出现很多不必要的麻烦，比如：是先对照片裁切还是调色？先调整清晰度还是去污点？这些步骤如果不明确，将会给你的后期工作带来很多不便。所以本章先给大家提供一条完整的思路，来帮助大家制定一个适合自己的后期流程，这样在实际处理照片时就会胸有成竹了。

调整照片的流程图解

导入照片 → 备份分类照片

整理分类照片 → 删除无用照片

挑选精修照片

二次裁切构图

保存导出

去除照片污点

校正镜头

调整照片曝光

调整清晰度

校对颜色

拍摄回来后，将大量的照片挑选分类并进行基本的调整是一件非常重要的事。全流程管理照片，不仅需要前期做好准备工作，还要在每一次拍摄后及时地按时间和事件的方式来归类照片、命名文件夹。下图所示的界面就是导入照片后按时间分类好的多个文件夹。

3.1
挑选要调整的照片
（以 RAW 文件调整为准）

这里用到的是 Adobe Bridge CC 软件。当我们把拍摄好的照片都导入到固定的文件夹后，它会以日期的形式来管理照片，看起来非常清楚，但是我们建议最好把这种命名方式改为日期和事件的方式，这样便于后期快速查找。这里以一个文件夹为例来整理照片。选择要进行重命名的文件夹，单击鼠标右键并在弹出的快捷菜单中选择"重命名"即可（如 2015-06-30- 成都行）。

重命名看起来非常简单，但其实很有学问，以"日期＋名称"的方式命名是比较实用的。每次拍摄回来后第一件事就是整理和挑选照片，一般建议大家在拍摄回来后一周之内开始整理，如果超过一周的时间很可能会忘记拍摄时的细节，也就永远不会再整理了。养成好的照片整理习惯会给你的摄影带来很大的帮助，善于整理更是一种能力，所以我也希望读者朋友们能养成好的习惯。如果你平时拍摄的照片比较多，建议单独准备一块移动硬盘，这样将每次拍摄的照片都存储在一个硬盘中比较方便。另外，一定要记得备份，我一般都会在自己的计算机上存储，另外在云盘上备份，这样也方便外出时随时查找照片。

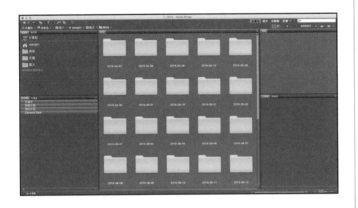

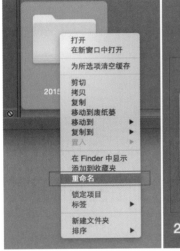

曝光过度　　　　　　　　　　　　正常　　　　　　　　　　　　曝光不足

如何挑选照片呢？一般有如下几点作为挑选照片的参考。

（1）曝光基本准确，没有明显的曝光过度或曝光不足；

（2）构图完整，没有取景不全；

（3）对焦清晰、准确。

构图不完整　　　　　　　　　　对焦不准确　　　　　　　　　　主题不明确

　　曝光的准确与否直接关系到后期能否调修出高质量的大片，曝光不足时很多细节不能被记录，曝光过度同样会损失很多细节，这就导致最终效果大打折扣。其次，构图不完整也是摄影的大忌，很多时候因为构图不完整，照片看上去非常奇怪。在如今像素如此高的情况下，其实只要前期拍摄取景完整，后期可以从照片中裁切出想要的部分。对焦失误其实是摄影初学者常犯的错误，一般都是太过依赖自动对焦，光线不好就很容易对焦不准确。还有一点就是主题不明确，照片不知道要表达什么。

如何对照片进行全面的评估呢？主要从主题、吸引点和简洁这三点来做一个全面的评估。

3.2
对照片进行全局评估

好照片要有主题。主题是照片的核心，每一张照片都应该有一个明确的主题，无论是风光、人像，还是纪实，主题明确才不会产生歧义。

好照片要有一个能吸引注意力的主体。画面中能否有精彩的吸引人的点，这个很重要。

好照片画面要简洁。除了要表现的内容外，其他都应该被省略或者说是被弱化，其中包括背景的虚化、颜色上的对比。

全面评估照片其实就是查看照片是否具备后期的必要条件，主要是从画面主体拍摄的大小，能否进行二次裁切构图，画面中是否存在一些无法修复的硬伤，曝光度的调整幅度，颜色是否准确，清晰程度和透视变形的调整等方面来判断。

一般来说，当你浏览照片时，基本上会有一个非常直观的感受，也就是画面感。首先你要检查整个画面要表达的主题是否明确；其次可以看看基本的拍摄参数；再次就是把照片显示在1：1模式下观看，检查清晰度是否达到要求。通常在原始格式下，你看到的照片会比较灰，这是因为照片中有丰富的细节，是比较理想的照片。拍摄时可能会用到不同格式对照片进行存储，以不同的格式存储的照片文件大小完全不同。一般建议使用相机最大的原始格式进行拍摄，这样后期将会有更大的调修空间。

当挑选出符合后期处理的照片后，我们就可以开始真正意义上的后期创作了。这一步虽然比较烦琐，但如果在拍摄之前就先想好，再按快门按钮，做到心中有数，就会给后期挑片省很多事。另外，拍完后及时在相机屏幕上回放、放大并观看画面细节，把明显有瑕疵的照片删除，这样也可以更好地提升效率。

说起摄影中的构图，其实是有很多学问的，但很多摄影初学者都不太注意构图，其实好的构图是非常重要的。一个好的构图可能会让照片加分不少，很多时候都是因为构图不好而使照片效果大打折扣。一般拿到照片后，摄影师都会做裁剪和拉直等二次构图的操作。

3.3
二次构图（裁剪，拉直）

■ 3.3.1 利用裁剪工具来进行二次构图

将原始照片导入到 Photoshop 中，选择裁剪工具进行裁切，主要去掉多余的、影响画面的部分，有些明显的污点和缺陷的部分直接裁切掉。

用鼠标单击裁剪工具右下角的三角标志打开内部选项，会看见自定、原始比例、1：1、4：5、5：7、2：3、9：16 等选项，可以根据实际情况来设置。一般用鼠标直接在画面上拖动一个区域时，周边会出现控制点，可通过控制点的精确调节来完整构图，裁切完毕后按 Enter 键确定裁切最终效果。

如果对裁切的照片不满意，也可以通过 Control+Z 组合键来撤销，再重新裁切即可。

3.3.2 利用拉直工具来进行二次构图

利用拉直工具可以快速地将不平的照片校正过来。在裁剪工具栏中选择拉直工具，对照片中本应该是水平的物体进行拉线，会自动将拉出的这条线变成水平，使得整个画面平衡。例如右图中，我们选择画面中房屋底部为基准，拉出一条裁切线，然后按下 Enter 键，画面被校正，这样画面看起来就舒服多了。

当然，也可以通过菜单栏中的"滤镜"—"镜头校正"选择拉直工具来校正画面。

右图所示为裁切拉直后的效果。另外还有一个快捷方式就是在裁切界面按 Control 键，待鼠标指针变成拉直图标后，即可快速实现拉直功能。拉直功能主要是解决水平面不平、建筑物倾斜等问题。

裁切和拉直属于第一步要做的工作，也是很关键的工作，如果裁切得不好很可能这张照片最终的效果也不会很好。通过拉直工具来对画面进行二次调整，简单而直接。

很多时候我们拍摄的照片在细节上会有一些瑕疵，可能是环境本身的原因，也可能是人为的原因或是相机的原因，照片中出现了一些破坏画面的污点。此时需要快速修复或者去掉污点以使画面完整，在ACR中主要会用到的就是污点去除工具。

3.4
污点去除

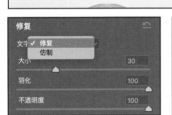

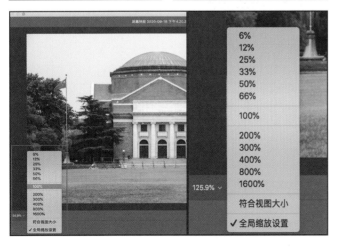

案例 1

〔步骤 1〕

来看左侧这张照片，画面中出现的垃圾桶、自行车等其实是不太需要的，所以我们要把它们去掉。整个照片中需要去掉的部分，主要是垃圾桶、自行车和骑自行车的孩子。

〔步骤 2〕

在使用污点画笔工具时可以设置类型为修复或仿制，画笔大小用来控制修复或仿制的范围，不透明度决定修复或仿制部分的透明程度。

在这里我们用到的就是污点画笔工具，非常简单，只需要对画面中需要去除的污点进行涂抹，软件会自动匹配一个修复结果，这个结果是可以移动的，而且有具体的细节来选择。另外，自动修复可以解决大多问题，对于细节较多的污点需要手动操作。在细节调整时，建议大家把照片会放到100%模式下观看，这样操作会更加精确。

［步骤 3］

涂抹要去除的垃圾桶，出现右图中所示的红色区域，这时松开鼠标可自动进行修复。很明显，自动修复得有问题，这时你只需要调整绿色位置的内容并观察红色区域的效果即可。一般尽量选择周边的区域进行修复，这样成功率非常高。如果修复的效果不是很好，想要删除也非常简单，只需选择红点位置再按 Delete 键即可。这个工具使用频率比较高。

最后我们看见的效果就是最终修复好的照片，整体看来还是不错的。

污点修复的心得：胆大心细，修局部一定记得放大显示。

由于人眼比相机的宽容度大很多，导致相机拍摄出来的效果达不到人眼看到的，所以在拍摄时会出现曝光不准确的情况，因此就需要对画面分区曝光并调整，以达到尽可能的曝光准确。

3.5
调整曝光

案例 2

由于各种原因，很多时候拍摄出来的照片会存在曝光问题，那如何来调整曝光呢？

将原始照片素材导入到 ACR 中，图例照片整体偏暗，可以通过观察右上角的直方图来判断曝光是否准确。很明显这张照片曝光不足，这时我们只需要将 ACR 中关于曝光的选项滑块向右侧调节"曝光"值到 +2.45 即可，另外将"对比度"数值调节到 +13 增强画面对比，将"高光"降低到 -100 让天空的细节出现。若想增强天空细节的效果，需要用到工具栏中的渐变滤镜，来对天空进行局部调节。

[步骤 1]

选择"渐变工具"，在天空最上方单击鼠标左键并向下拖曳出一个需要做渐变的区域，此时按住 Shift 键可以保证垂直拖曳。这样设置好区域后，再调节右侧的选项按钮，以使曝光准确。

〔**步骤 2**〕

将"曝光"设置为 −1.90，天空
亮度降低，细节出现了；"对比度"
设置为 +17，让天边的云和山更清
晰；"高光"设置为 −47，让亮部细
节更丰富；"清晰度"设置为 +80，
让画面更加通透；"饱和度"设置
为 −7，让远处的山和云在视觉上往
后退。

〔**步骤 3**〕

以上选项调节完后，还可以对
渐变区域进行微调整，这样可以看
见具体的表现效果。

可以单击左下角的 100% 观看
模式，这样放大细节对比，整个画
面调整完成。合理的曝光让画面层
次丰富，更好地表现主题。

最终效果

原图

校对颜色其实就是正确地反映物体原来的颜色。编辑照片时我总会先设置白平衡，因为如果白平衡设置正确，颜色就正确，颜色校正问题就会大大减少。

3.6
校色

左图就是非常好的例子，在室内灯光下整个画面发黄，这是我们最常遇到的问题。颜色不对我们就要先校对颜色。很多时候因为复杂的光线或者相机设置的原因会导致颜色不准，这时就需要校准颜色了。

在 ACR 中左侧的白平衡选项中选择"自动"，此时整个画面颜色就变得正常了，看起来也好多了，这才是我们原本的颜色。

首先大家应该了解，颜色不准带来的问题其实很多，我相信网购衣服的朋友一定会有很深的体会，很多店家拍出来的照片和您收到的实物颜色差得很多，其实就是颜色不准确带来的后果。打开一张原始照片导入到 ACR 中，我们会发现在面板下第一个就是白平衡，在其右侧有一个白平衡下拉菜单，从中间可以选择相机中所有的白平衡预设模式（包括：原照设置、自动、自定）。注意：处理 JPEG、TIFF 和 RAW 格式照片的唯一不同之处是，如果照片用 RAW 格式拍摄，所有效果都是可用的，而其他格式的照片就只有"自动"这一个预设模式可选。

如示例图片所示，通过改变白平衡设置得到了不同光线的颜色，同时解决了校对颜色的问题。具体的校色过程将通过后续的章节详细讲解。

原照设置白平衡效果

自动白平衡效果

自定白平衡效果 1

自定白平衡效果 2

照片的清晰度其实就是增加照片中间调的对比度，使照片看起来更有冲击力，它能够很好地将细节和画面质感表现出来。

3.7
清晰度

案例 3

打开原始图像，这里我们用一张没有应用任何清晰度调整的原片。这张照片非常适合大幅度应用清晰度调节，因为清晰度控件适合用在质感和细节丰富的物体上。人像中尤其是女孩人像应尽量不用，不然一定会有不佳的效果；而这张照片中的建筑物有很多细节，正需要提高清晰度。我们在处理照片时基本上都会应用 +20 ～ +100 的清晰度。对于城市风光照、风景照和其他任何细节特别丰富的照片，唯一不用增加清晰度的照片就是人物肖像，尤其是女性和儿童人像。

如果想让照片增加冲击力和中间调对比度，就将"清晰度"滑块向右拖动（如左下图所示，将滑块拖到 +96，使整个画面看起来更加有力量感，并且天空云层的细节出现更多，建筑物也显现出了大量细节）。

53385

案例 4

打开这张原片，同样没有添加任何的清晰度设置。当调整"清晰度"为 +40 时，你会发现更多的细节出现在你的眼前。

然后我们再将"对比度"增加至 +37，"自然饱和度"调整为 +30，这样整张照片会显得更加通透。

你是否曾经拍摄过一些建筑物照片，它们看起来好像都有些向后倾斜，或者看起来顶部比底部要宽？这些类型的镜头扭曲其实非常普遍，但是要修复它们就要用到 ACR 中的镜头校正功能了。这款软件非常智能，大部分的镜头扭曲都可以自动修复，只有少部分可能需要手动修复。

3.8
镜头校正

案例 5

[步骤 1]

首先打开如左图所示的照片，这张照片拍摄时使用的是 16mm 的超广角镜头，所以整个画面感觉很广但是周边的变形也很严重。

[步骤 2]

进入到 ACR 中，打开光学面板，单击"配置文件"，勾选"使用配置文件校正"，这时图像就会自动校正。由于这张照片在拍摄时所用镜头的制造商和型号都被读取出来，所以校正过程瞬间就完成了。

画面四周的暗角和变形　　　　　画面四周的暗角和变形被修正

[**步骤 3**]

除了自动校正以外，还可以手
动调整透视畸变。仰视拍摄一般都
会出现畸变，除非用到移轴镜头才
能避免。但在后期校正中，只需在
ACR 中打开几何面板，单击"A"
即可快速对畸变进行校准。

[**步骤 4**]

畸变调整完后，可以发现画面
舒服多了，仰视的透视畸变基本都
消除了。

[**步骤 5**]

在"手动转换"中，将"缩放"
调整为 93，将画面缩小到合适大小，
这时我们发现照片的左右两侧出现
了透明像素。

［**步骤 6**］

这时"自动模式"已不能满足需求，所以直接在"手动转换"中调节参数。调节"垂直""长宽比"等参数，最终得到相对理想的效果。

最终效果

原图

第**4**章

二次构图

　　摄影中的构图非常考验摄影师的审美能力，同样的角度、同样的光线、同样的设置，不同的摄影师拍摄出来的照片都会有差别，这便是构图了。很多时候我们会用到二次构图，这是提升画面质量的一项技能，在本章中我将举出一些拍摄时常犯的错误，并通过二次构图来修正画面，从而提升大家的摄影构图能力。如何来提升自己的摄影构图能力呢？其实我自己很多时候都是通过看、想和拍来解决的，拿起手上的相机先不要着急拍，而是先看看环境和角度再按下快门按钮。

4.1
地平线不平

地平线不平是拍摄时经常犯的错误，大多数摄影爱好者都会有此经历。其实若想避免类似情况发生，只要在拍摄时注意一下背景即可。比如下面这张漂亮的海面照片。

案例 6

［步骤 1］

打开如右图所示的照片，不难发现，地平面是倾斜的，此时只需要使用 Photoshop 工具栏中的"裁切工具"（快捷键 C）。选择上方工具栏中的拉直工具，对画面中本应该是水平的位置进行拖拉后单击"确定"按钮，画面马上变为水平。

［步骤 2］

在裁切工具栏中选择"拉直工具"，之后只需要在你觉得本应该是水平的边界上拖动即可。

［步骤 3］

此时我选择画面中的海平面作为拉平的标准，在画面左侧往右侧拖动鼠标，画面出现了 5.1°的测试结果，说明画面需要旋转 5.1°。

［步骤 4］

松开鼠标后，画面中会出现如左图中所示的调整网格线，这时你可以通过拖动外框上的拖动点来控制构图，最后单击右上角的"√"确定裁切。

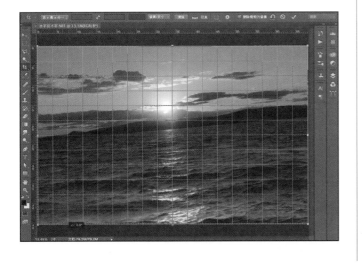

［步骤 5］

这是最终的剪裁效果，比调整之前好多了。我们在前期拍摄时就要稍微注意一下构图，千万不要仅靠后期调整。

案例 7

［步骤 1］

把鼠标指针放在靠近控制点的位置，当鼠标指针变成旋转图标时即可旋转，此时画面会出现网格线，用来寻找水平基准，当调节到合适的位置时按 Enter 键即可完成裁切。

[步骤 2]

将照片旋转到合适的角度，这里主要通过网格线来做基准，调节到水平即可。

[步骤 3]

当你松开鼠标后，画面中出现右上图中所示的调整网格线，你可通过拖动外框上的拖动点来控制构图，最后单击右上角的"√"确定裁切。

最终效果

原图

若想调整下图所示这种很松散的感觉，可以将画面裁切得紧凑一些。我们可以利用裁切工具中的构图辅助线来重新构图，这里包含了常用的构图法：三等分、网格、对角、三角形、黄金比例和金色螺线，只需要去套用就可以简单裁切出你想要的构图效果。

4.2
不紧凑如何调整

案例 8

[步骤 1]

打开如左图所示的照片，对整个画面进行裁切，调整构图。

[步骤 2]

选择工具栏中的裁切工具（快捷键 C），重新调整构图，将不想要的地方去除并将重点放置在画面中心的位置。

[步骤 3]

此时只需单击构图方式按钮即可发现 Photoshop 中预置好的多种构图辅助线。

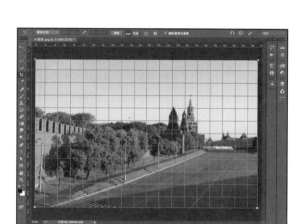

网格模式

对角线模式

三角形模式

黄金比例模式

以上这些模式，都是作为经典的构图指导运用在很多摄影作品中，所以大家不妨多试试，找到自己喜欢的构图方式。我一般都使用三等分构图这种最典型的方式。经过一段时间的训练，相信读者的构图水平一定会有所提升。

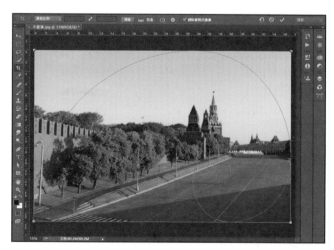

金色螺线模式

构图不合理，主要是由于很多人对美的理解有偏差，在拍摄时只顾注意主体，并没有注意周边的环境，所以常常都会拍到一些干扰画面的元素。这里我们通过三个实际案例向大家介绍如何只用到裁切工具就能很好地解决画面干扰问题。

4.3
去掉不合理的干扰因素

案例 9

［步骤 1］

打开如左图所示的这张照片，在温暖的阳光下，几只小鹿正在游走，但画面的左下角出现了一些枯树杈，以及一只不完整的小鹿。这种情况是在摄影中经常遇到的，很多漂亮的场景都是在瞬间出现的，来不及多考虑就要拿起相机拍摄了。

［步骤 2］

这里只要简单地对画面进行一些裁切，就可以快速提升画面的美感。选择工具栏中的裁切工具（快捷键 C），利用裁切的网格线作辅助，对画面进行裁切。

[步骤3]

对比前后的效果，发现裁切后的整体效果更好，画面更简洁，主体更突出了。所以拍摄时要多注意一下周围的环境，避免过多的干扰。

最终效果

原图

案例 10

〔步骤 1〕

接下来我们再看这个实例。画面上的蜜蜂正在花蕊上采蜜，整体感觉不错，但是主体在画面上太小，后面的花对整个画面有干扰；另外就是画面左侧的黄色花蕊也有点抢画面。

〔步骤 2〕

为了更好地表现蜜蜂采蜜的效果，我们对整个画面进行裁切，尽量突出蜜蜂。这里还是利用裁切工具，将蜜蜂放在三分点上即可。

对比一下效果可以看出，裁切后的画面更加突出主题，主体更明确，指向性更强。

最终效果

原图

案例 11

[步骤 1]

打开一张人像照片，这个案例很典型。拍摄美丽的模特时，摄影师只将注意力放在模特身上，拍摄时没注意周围环境，所以将很多杂乱的物体都拍进画面了。

[步骤 2]

使用裁切工具，对画面进行裁切。一般来说模特视线方向应该多留些空间，那裁切时就可以将另一侧多裁切一些，这样的画面会更协调。

最后对比一下，裁切后的效果就好了很多，画面很干净，观众注意力也都集中在模特身上了。

最终效果

原图

大多数摄影爱好者拍摄时都会出现画面没有突出重点的问题，其实就是想要的太多，希望画面什么都能表现出来。

4.4
画面无重点如何构图

案例 12

［步骤 1］

我们来看如左图所示的这张照片，整体效果非常好，从高处望，可将整个瀑布尽收眼底。但你会发现，整个画面中有好几个重点，比如前景的绿草地、湖中的船。这里为了突出重点的船，对画面进行裁切。

［步骤 2］

选择裁切工具（快捷键 C），对画面进行对称的裁切，将船放置在三分点的位置。

［步骤 3］

按 Enter 键确认裁切，此时可以看到整个画面的重点都落在船只上了。

案例 13

可以通过裁切范围周边的四个控制点来调整最终裁切的位置，如果大小没有问题即可通过键盘上的上、下、左、右四个键来精确控制裁切框的位置，确定好后单击右上角的"√"即可完成裁切。

将房子作为主体突出表现

将船只作为主体突出表现

备注：在构图的训练中，你会发现其实突出重点是一个非常简单快速的方式，可以很快地提升自己的构图能力，当你确定了眼前画面中最想表达的主体后，剩下的就是把它放在合理的位置上。多尝试拍一些简单的画面对提升摄影水平很有帮助。

很多时候改变比例关系会出现很好的效果。打开下图所示照片，会感觉整个画面中天空和草地的比例关系让人有些不舒服。

4.5
改变比例关系

案例 14

打开裁切工具，分别选择 4∶5、1∶1、5∶7、16∶9 的裁切比例，以便裁切后更加突出教堂。这几种经典的比例关系在很多画面中都有运用，我们来看看裁切后的最终效果。

4∶5裁切比例

裁切后

1∶1裁切比例

裁切后

5：7 裁切比例

裁切后

16：9 裁切比例

裁切后

横构图主要用于表现比较宏伟的场景，舞台摄影中经常用到；竖构图主要用在拍摄建筑和人像作品时，很多时候可以通过后期更改构图得到不错的效果，或者从画面中截取一部分，从而更好地突出重点。

4.6
横构图改竖构图

案例 15

［步骤 1］

打开如左图所示的照片，发现整个场景非常宏伟，画面表现的舞台感很强，只是两组人物各占据了一个点，不够突出。这里我们通过后期裁切重新对画面进行构图，将横构图改为竖构图，以突出画面中间的双人舞演员。

［步骤 2］

选择裁切工具并在画面中选择合适的位置进行裁切，然后调整到最终裁切的位置。

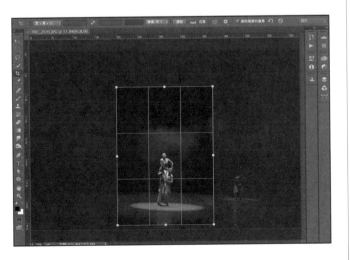

[步骤3]

选择好裁切区域后，再对细节进行微调，将人物放置在三分点位置，左右两侧放置到灯光边缘，并单击"确定"按钮。

最后对比裁切前后的画面，发现裁切后的画面更好，更突出地表现了人物。

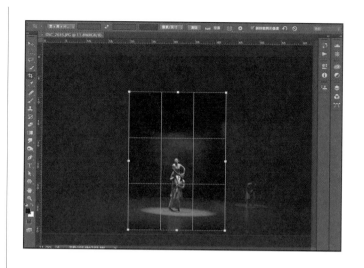

最终效果

原图

注意：横竖构图的变化并不是所有的画面都适合，一定要根据实际情况运用。

那我们再看看，什么样的照片适合将竖构图改为横构图呢？打开下图所示照片可以发现，前景中的雪地太空旷，最主要的问题是画面比较杂乱，而裁切后可使主体得到突出。

4.7
竖构图改横构图

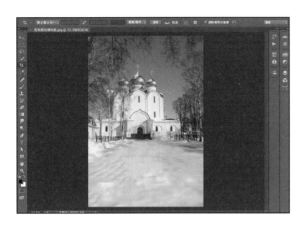

原图

裁切过程

其实摄影中的构图是有很多法则可以寻求的，当你学会了以上几种二次构图的方式后就会发现，照片的确变得好多了。通过大量的观察和练习，你的照片一定会更加完美。

第**5**章

去除照片中的杂物

我们在审视自己作品的时候，经常会发现一些干扰照片效果的杂物。也许是无意间造成，但这些小问题经常会干扰我们对于一个作品的判断。为此，我们需要一些方法来高效地解决这些干扰物。本章就来通过一些很典型的案例来系统地介绍如何处理照片中的杂物，不论是 CMOS 上的脏点、远处的天线，或者是与主题不相关的人物等，这些问题在本章都将迎刃而解。

5.1
去除
照片中不必要的瑕疵

照片中不必要的瑕疵多为"点""线"两种杂物类型，比如镜头上的脏点、人物皮肤的缺陷和皱纹、天空中的天线等细小的干扰元素。后期中使用的工具主要是污点修复画笔工具，如果条件不好，可以配合修复画笔工具使用。

案例说明

拿到照片以后，如果发现了不应有的瑕疵或杂物，往往非常容易干扰视线或者影响对整张照片的判断，因此有必要排除它们的干扰。本章将重点介绍如何在 Photoshop 中去除杂物和影响拍摄主体的物体。

从做后期的角度来看，可以将杂物分为"点""线""面"三大类。根据不同类别杂物的特点使用不同的工具，可以达到事半功倍的效果。

"点"类的杂物包括镜头中的杂点、人物面部的青春痘等，需要使用的工具是污点修复画笔工具，这个工具非常好用，只需在污点上轻轻点击即可。

"线条"类的杂物包括天线、人的皱纹等，这类杂物的去除方法也很简单，同样可以使用污点修复画笔工具来完成。如果条件不允许或者效果不好，可以配合修复画笔工具使用。

"面"类的杂物包括影响到拍摄主体的小元素，最常用的方法是使用内容识别填充工具来完成。如果内容识别工具无法完成，则需要考虑从本张照片或者别的照片中找到可替换的部分"嫁接"过来，这种情况的处理相对复杂。

5.1.1 去除 CMOS 上的脏点

案例 16

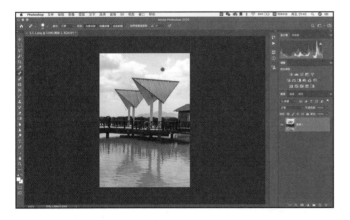

[步骤 1]

  拿到照片以后却看到令人讨厌的脏点，是否会让您烦恼呢？不必担心，使用污点修复画笔工具，一步就可以搞定了。在 Photoshop 中打开照片以后，选择污点修复画笔工具，把画笔大小调整到比脏点处略大，如左图所示。

[步骤 2]

  接下来，单击鼠标左键即可完成对污点的去除，这种方法非常简便。您从此不必再为一张好片子中的脏点而纠结了。

■ 5.1.2 去除人物皮肤上的缺陷

人物皮肤上有缺陷在所难免，您是否还是使用仿制图章工具在那里一点点地辛苦工作呢？很多 Photoshop 的老用户会使用污点修复画笔工具，这个全新的工具能够很好地处理多数皮肤的缺陷，如斑点、青春痘、皮肤的凹坑等，只要不是修复很大的面积，基本上使用这一个工具就足够了。

示例照片中人物的额头、面颊、肩膀处有很多细小的皮肤缺陷，看起来很多，很棘手，如果使用传统的仿制图章工具会耗时费力。此时我们需要做的工作如下。

案例 17

［步骤 1 ］

首先，在 Photoshop 中打开这张照片，然后按 Control+J 组合键复制图层。

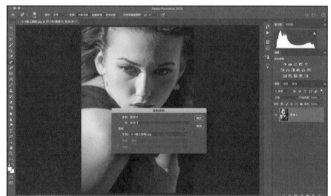

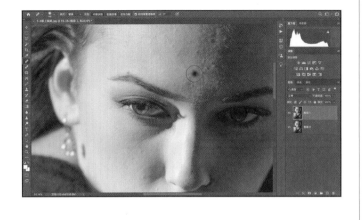

　　选择污点修复画笔工具，勾选"对所有图层取样"，把画笔大小调整到比皮肤缺陷处略大，如左图所示。

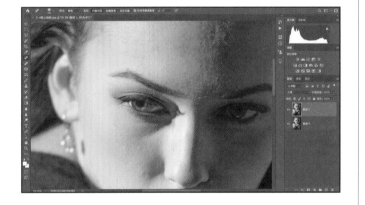

［步骤 3］

　　单击鼠标左键，松开鼠标立即发现那个小小的缺陷不见了，如左图所示。对，就是这么简单，你需要做的只是单击一下鼠标，皮肤缺陷完美修复，填补后与周边的皮肤搭配得非常和谐、自然。

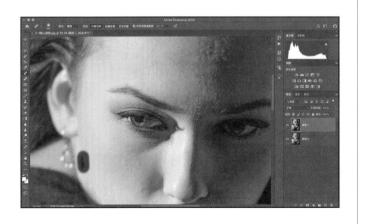

［步骤 4］

　　遇到比较大的皮肤问题，如左图中面部的耳环影子，可适当放大画笔，再次单击鼠标左键即可。

　　接下来，使用同样的方法去除面部所有的小缺陷及面部杂物即可。你要做的只是调整好画笔大小，一下一下地单击缺陷处，再多的小斑点也会快速解决。

［**步骤 5**］

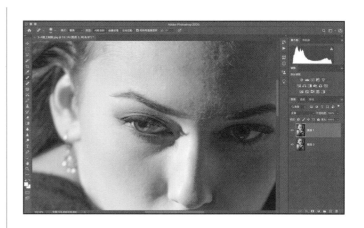

本案例中需要强调一点，你需要复制或新建一个图层，然后勾选"对所有图层取样"，再使用污点修复画笔，而不是直接在原图上修改。这样的好处是保护原图不受破坏性修改，既保留了原图又对皮肤的缺陷做了修改。因为后期对于人物皮肤的修改往往会反复调整，所以不建议像去除 CMOS 上的脏点一样直接在原图上调修。

最终效果

原图

■ 5.1.3 去除照片中的天线

如左图所示，风景照的右侧有几条线干扰了整个画面，因此需要使用简单的工具去除这些线，这里要使用的工具是污点修复画笔工具。需要注意的是，先去除简单部分，再耐心地去除复杂部分。

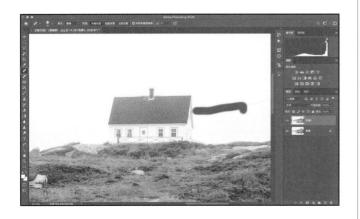

案例 18

〔步骤 1〕

在 Photoshop 中打开这张照片，按 Control+J 组合键复制图层。选择污点修复画笔工具，勾选"对所有图层取样"复选框。放大照片，把鼠标指针移动到画面的天线部分，适当调整画笔大小（快捷键为"["和"]"），画笔直径比天线略大即可，单击鼠标左键并沿着天线方向拖曳，擦除三条天线，如左图所示。松开鼠标，会发现天线被轻松地"去除"了。

[步骤2]

接下来需要放大照片，用污点修复画笔工具更仔细地去除天线与房屋相交的部分。

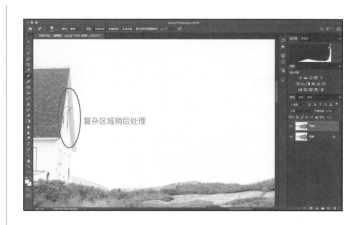

[步骤3]

新建图层，选择污点修复画笔工具，勾选"对所有图层取样"复选框。调整画笔大小与天线差不多即可，逐步地去除天线与房屋相交的地方，注意是逐步去除、分批地去除，不要贪心一口气完成。过程中可以新建多个图层，以方便控制和管理，最终效果如右图所示。

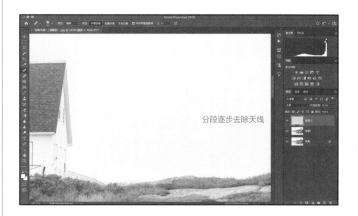

去除与主题不相干的元素，多为"面"干扰物，其特点是面积稍大，常使用的工具为内容识别填充。如果条件相对苛刻，则需要选择本照片或其他照片中相类似的部位，将其复制出来，替换掉干扰物的区域。

5.2
根据主题
去除不必要的元素

■ 5.2.1 去除多余的人物

这是一个非常典型的案例，如左图所示，照片中远处的人物和帐篷干扰了主题的表达，我们需要想办法将其去除。

案例 19

[步骤 1]

为了不破坏原始图层，建议大家把照片导入到 Photoshop 中后，按键盘的 Control+J 组合键复制原始背景图层。后面的操作都是在这个复制的图层中进行的。

[步骤 2]

使用套索工具仔细选择需要去除的部分，如左图所示。

[步骤 3]

选择"编辑"-"内容识别填充"，在弹出的对话框中单击"确定"按钮，按 Control+D 组合键取消选择。此时可以看到，原本的帐篷、人物被风景中的草地所替换，就这样通过一步操作完成了杂物的去除。

[步骤 4]

接下来，我们发现照片中去除的部分有瑕疵。继续使用套索工具圈选择瑕疵部分，如右图所示。

［步骤 5］

　　继续选择 "编辑" - "内容识别填充"，在弹出的对话框中单击 "确定" 按钮，这样就完成了杂物的去除工作。去除前后效果对比如下图所示。

处理效果

原图

■ 5.2.2 去除照片中干扰主题的杂物

右图所示是一张效果非常好的倒影风光照片,可是照片右下角的船破坏了画面;另外,倒映在水面中若隐若现的一些电线也是干扰物,我们需要把这两个部分从照片中去除。

案例 20

[步骤 1]

按 Control+J 组合键复制原始背景图层。

[步骤 2]

使用多边形套索工具选择船只部分,注意此时使用的是多边形套索工具而不是套索工具。利用多边形套索工具能够更准确地控制所选的区域,而套索工具相对自由,不适合本案例。

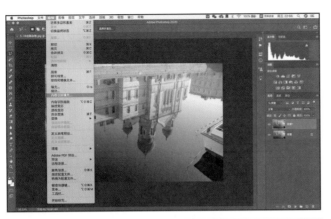

选择"编辑"-"内容识别填充"，在弹出的对话框中单击"确定"按钮，按 Control+D 组合键取消选择。此时船只消失了，被水面自然地替代了。

本案例中多次使用了内容识别填充工具，在这里提示大家，使用这个工具的条件是，被删除物体周边有较大的可利用的素材，比如大面积的草地或水面。如果要删除的物体很大，而周围可利用的素材很少，则不能使用这个方法。

新建一个图层（这是一个好习惯，不要在原始图层中直接操作）。选择污点修复画笔工具，勾选"对所有图层取样"复选框，画笔大小调整为比天线略大即可。然后按住鼠标左键，耐心地描摹天线，如左图所示。

[步骤5]

描摹好一根天线后，松开鼠标左键，会发现天线不见了，取而代之的是水面。

[步骤6]

仔细耐心地描摹每一根天线，注意过程中要有耐心，有时候很难一次成功，需要多描摹几次。效果如右图所示。

[步骤7]

观察照片，发现画面中还有一些极小的裂痕，这是由于刚才描摹的时候对照片造成了破坏，下面需要用修复画笔工具对它进行修复。

复制一个图层，选择修复画笔工具，选择源为"取样"，选择样本为"所有图层"，画笔大小调整为比天线略大即可。

放大画面，找到细微的裂痕，同时按住鼠标左键及 Alt 键，此时鼠标指针变成了采样的效果，单击一下裂痕不远处的位置，然后按住鼠标左键擦涂裂痕（这个操作过程像极了仿制图章工具，很多 Photoshop 的老用户会喜欢它，其操作与仿制图章类似而且效果比仿制图章还要好）。用此方法可以快速解决细微的瑕疵。多数情况下我就是这样操作的，用污点修复画笔工具擦涂杂物，接下来用修复画笔工具来"清理战场"，这是一个小技巧。

最终效果

原图

■ 5.2.3
去除建筑物上的人物

右图所示照片中，远处有人物影响了画面整体效果，穿红色衣服的人特别扎眼，破坏了照片的整体平衡感，因此我们需要将其去除。

但是如果使用前面介绍的内容识别填充或者污点修复画笔工具，修改后会对照片产生明显的破坏，虽然去除了人物，但是去除人物以后照片并没有恢复成想要的效果，出现了较大的残损。

这是一个相对复杂的操作，但是并不困难。虽然步骤多一些，但具体的思路是一致的。观察照片发现这是一个对称的构图，照片左侧同样的位置正好有一个类似的楼梯可以使用，因此我们就从这里着手修饰。

案例 21

[步骤 1]

首先使用矩形选框工具选择照片左侧相应区域，如右图所示。

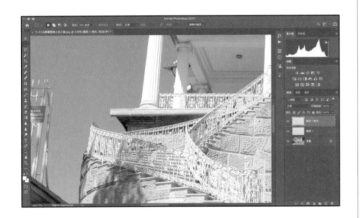

接下来按 Control+J 组合键复制原始背景图层。

[步骤 3]

再次按 Control+J 组合键复制一遍刚刚复制好的图层并且关闭小眼睛，暂时把这个图层保留，后面再让它派上用场。

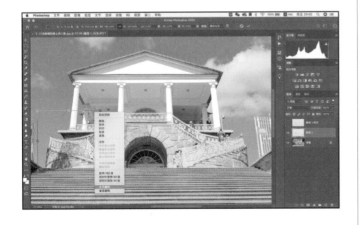

[步骤 4]

把复制好的图层移动到穿红色衣服的人附近，按 Control+T 组合键变形工具，接下来单击鼠标右键，在弹出的快捷菜单中选择"水平翻转"。

[步骤 5]

此时为了精准地把复制好的图层移动到位，需要把复制好的图层的"不透明度"调整为 50%，精确地对准位置，调整后再恢复"不透明度"为 100%，尽量把扶手和梯子对准，效果图如右图所示。

[步骤 6]

对齐后把图层的"不透明度"调回 100%。

[步骤 7]

选择橡皮工具，注意要将橡皮的"硬度"设置为 0%。

用橡皮直接擦掉不合适的边缘部分，使照片修补得更和谐。

现在我们发现，人物头部无论如何也无法弥补了，因为上面的高台位置不对。此时之前复制了第二次的图层就起到作用了。把该图层移动到合适的位置，按 Control+T 组合键变形工具，接下来单击鼠标右键并在弹出的快捷菜单中选择"水平翻转"，对准高台部分，只需要把高台部分对齐即可。

[步骤 8]

对齐后用橡皮擦涂抹不相干的部分，让高台与背景图和谐地搭配好即可。

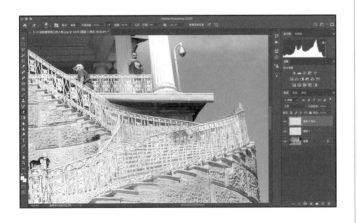

[步骤 9]

最后观察到楼梯扶手部分有阴影，这是直接复制过来的结果，我们需要把它提高亮度。新建曲线调整图层，并且注意调整图层的位置，单击"剪切"按钮，将曲线调整后的效果应用到楼梯扶手的图层。

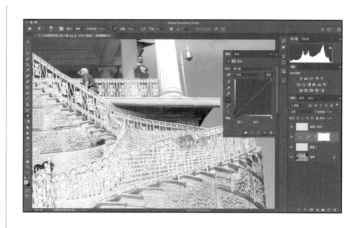

[步骤 10]

提亮曲线，此时只需要将扶手的阴影部分变亮即可。

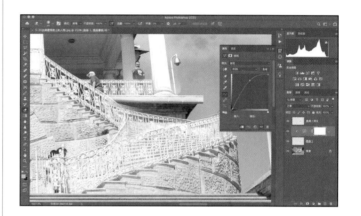

[步骤 11]

选中曲线调整图层，在属性面板中单击"蒙版"图标，选择"反相"。

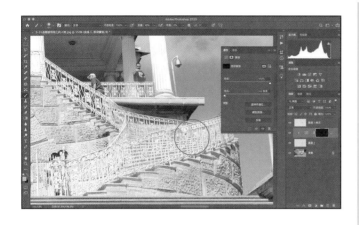

选择画笔工具，适当调整画笔大小，并且设置画笔的"硬度"为0%，前景色为白色，用画笔在扶梯阴影处涂抹，此时我们发现扶梯的阴影消失了。

第 **6** 章

后期如何控制好曝光

控制一张照片的曝光，是摄影后期中最开始就要考虑的事情，尽管曝光的控制相对主观，特别是不同风格、主题的照片会对曝光有不同倾向的调整。曝光没有标准答案，但是如果拍摄的时候曝光不准，没有达到预想的效果，就需要利用一定的后期知识对曝光进行修正。

6.1
理解直方图含义

如何评判一张照片是否曝光正确呢？需要通过直方图来了解。不论是原片还是 JPEG 格式的压缩图，在 Photoshop 中都有直方图的显示。直方图可以理解为此张照片从最暗到最亮的范围内的像素分布。通过观察直方图，我们可以准确地了解到照片是属于曝光不足、曝光过度、大光比还是有色彩溢出的风险。

案例说明

直方图从左到右分别表示从最暗到最亮的变化，在 Camera Raw 中解析得更加详细，把照片从最暗到最亮分布成了 5 个部分，分别是黑色、阴影、曝光、高光和白色。这样更加方便我们去控制、调整照片。后期在调整照片的时候，如果能用 Camera Raw 则尽量使用 Camera Raw 调整，你会发现控制得更加精准，效果更好。

照片中类似"山峰"一样的图形表示像素的分布多少，像素分布得越多，"山峰"就越高，像素分布得越少，就越接近"地面"。

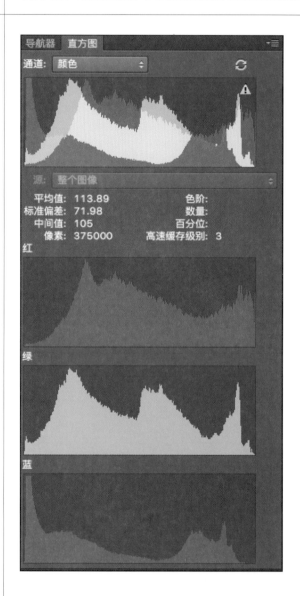

左图是典型的曝光过度的照片，照片的像素多分布在直方图偏右的区域，暗部缺少像素。

左图是典型的曝光不足的照片，照片的像素多分布在直方图偏左的区域，高光部分缺少像素。

左图是典型的大光比的照片，照片在亮部、暗部都有较多的像素分布，但是中间调的部分像素分布很少。

通过以上直方图的分析，我们能明显了解到照片处于什么水平。之后我们会详细介绍在曝光失常的情况下如何调整，使照片既满足曝光要求，又有丰富的细节。

6.2
曝光过度如何调整

在艳阳高照、烈日当头的情况下拍照，很容易出现曝光过度的现象，在拍摄外景的时候特别是天空的细节经常容易丢掉，下面我们就介绍如何通过简单的方法找回细节。

案例 22

观察右图这张实例照片，可以看到画面惨白一片，如果在 Camera Raw 中打开这张照片，会发现直方图中的色彩信息几乎都堆到了亮部区域，因此我们要做的工作就是尽量把细节拉回来。

[步骤 1]

首先降低曝光值，将"曝光"调整到 -1.10，照片马上有了很大改观，但是仅仅降低曝光还没有完全达到想要的效果。

[步骤 2]

接下来的工作就是把"高光"调整到 -100，绝大多数高光的细节可以通过调整高光值来实现。因为本案例存在曝光过度问题，所以在后期调修照片时要尽量降低高光的数值。

继续追加，此时把"白色"滑块调整到 –37，更大程度地增加了亮部区域的细节。

［步骤4］

接下来将高"对比度"调整到 +13，"清晰度"提高到 +23，让照片恢复细节的同时，增加层次感。

通过以上的调整就解决了曝光过度的问题，最大限度地降低了高光和白色，并且适当提高了对比度和清晰度。调整前后效果对比如下图所示。

最终效果

原图

6.3
夜景曝光如何调整

曝光过度的典型特征是照片的亮部细节过少，我们的主要工作就是找回失去的亮部细节，在找回细节以后，还需要整体把握照片调整色彩溢出的部分，适当地增加对比度和清晰度，让照片既有丰富的细节，又能对比明显。

案例 23

在户外夜景拍摄烟花，很容易出现曝光过度的问题，或者说，如果曝光不适当过度，照片就会更加暗淡，因此拍摄夜景时有时也需要曝光过度，那么就需要我们在后期中把照片的细节调整回来。

观察直方图，可以看到左右各有亮色的三角，表示照片中已经有少部分亮色、暗色没有细节，为纯白或者纯黑了。这是我们不希望看到的，我们要做的是让亮部、暗部都有细节，这样的照片才精彩。如果是死黑一片或者惨白一片，照片失去了细节，也就失去了保存的意义。这也是反复强调拍摄时一定要使用原片的原因，因为原片可以找回丢失的细节。

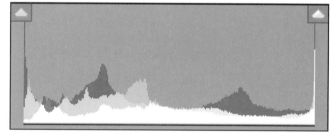

［步骤 1］

如何让照片恢复细节？为了让亮部和暗部都有丰富的细节，需要调整高光滑块和阴影滑块。这也是一个通用的小技巧，适当压暗高光和适当提高阴影，可以让更多的亮部细节和暗部细节呈现出来。本案例为夜景拍摄，条件相对极端，为此，我们分别把"高光"和"阴影"的数值调整到−100和+100。

[步骤 2]

这时看到直方图中亮部还是有色彩溢出的警报，因此继续调整控制最亮部的"白色"滑块和最暗部的"黑色"滑块，将这两个滑块分别移动到 -100 和 +22。

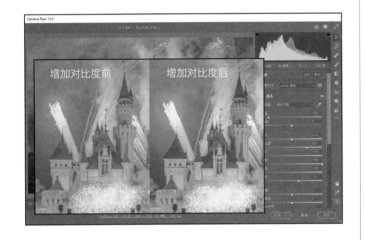

[步骤 3]

通过对比图可以看出细节，但照片效果并不理想，比较平淡，达不到理想的效果，按照大家的思维习惯也不愿意把滑块移动得过于极端，比如之前提到的 +100 或 -100。接下来做的工作就是提高照片的对比度并做适当的取舍。为了让照片更精彩，有时候会适当地牺牲少量的黑色和白色，从而解决曝光失常的问题。少量的色彩溢出是可以接受的。首先将"对比度"调整到 +50，如左图所示。

[步骤 4]

既然有光，光晕就会比较强；既然是夜景，背景应该比较暗。本着这个原则，我们适当地回调"高光""阴影""白色"和"黑色"滑块，分别调整到 -60、+80、-80 和 +10。此时观察照片，既有了丰富的细节，又真实还原了现场，让烟花明亮且清晰，让背景深下来且有一定的细节。虽然有一些色彩溢出，但是能够接受。

[步骤 5]

最后一步，适当地增加清晰度，将"清晰度"调整到 +25，让照片更清晰，稍稍提高色温值，让画面色调更暖一些。

前后效果对比如下图所示，可以看到暗部不再漆黑一片，而是增加了细节；亮部也不再是惨白，而是有丰富的光效产生。

最终效果

原图

曝光不足的典型特征是照片中的暗部细节过少，我们的主要工作就是找回失去的暗部细节。在找回细节以后，还需要整体把握照片色彩溢出的部分并适当地增加对比度、清晰度，让照片既细节丰富，又能对比明显。

6.4
曝光不足如何调整

案例 24

这是一张典型的曝光不足的照片，整体偏暗，并且视觉主体区域靠近镜头的草地和马的细节几乎看不到。如何调整才能让照片重现细节呢？

[步骤 1]

左图的直方图中，亮部还是有色彩溢出的警报，因此我们移动控制最亮部的"白色"滑块和最暗部的"黑色"滑块，将这两个滑块分别移动到 0 和 +30。

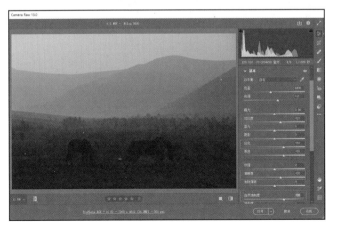

[步骤 2]

提亮照片以后，发现照片对比度很弱，因此提高"对比度"和"白色"，分别将其调整到 +20 和 +30。同时顺便把"清晰度"和"自然饱和度"调整到 +20 和 +30。通过以上的调整，让照片在提亮的基础上变得对比更明显，更清晰。

[步骤 3]

调整完这些基本滑块以后，如果觉得调整得还是不够强烈，可以使用色调曲线调整。单击"色调曲线"标签，在面板中选择参数，下面有 4 个滑块，分别是高光、亮调、暗调和阴影，简单理解为从最亮到最暗分成了 4 个区域。本案例需要调整暗部曲线，提高暗调来继续增加暗部亮度，压暗阴影来让照片的对比度进一步增强，具体是将"暗调"和"阴影"分别调整到 +40 和 -30。

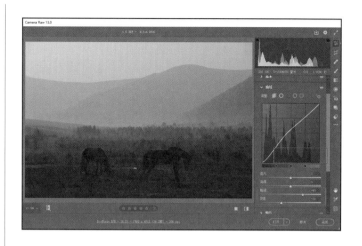

对比一下最初的照片，暗部已经很清楚地呈现在眼前，照片整体的细节丰富多了，观察直方图也没有色彩溢出。一张严重曝光不足的照片就被我们修正了。但是我们仅仅满足于此吗？如何让照片更有意境，达到我们的拍摄初衷呢？接下来看看曝光的局部调整。

有时候仅仅调整原片中的各个属性是达不到最理想的效果的。虽然 Camera Raw 的局部调整没有 Photoshop 那样功能强大，但是有几个非常好用的局部调整命令可以让用户快速地达到不错的效果，并且可以直接调修无损压缩格式。

6.5
如何对画面的局部曝光进行调整

案例 25

[步骤 1]

首先要把远景压暗，选择的工具是渐变滤镜。选择渐变滤镜工具后，Camera Raw 界面右侧会显示渐变滤镜的可调整内容。这里把"曝光"降低为 –1.00，顺便把"清晰度"降低为 –100，这样做的目的是虚化远景。接下来单击并拖曳鼠标，从照片顶部开始，一直拖曳到两匹马的上部，此时我们看到天空以及远景自然地被罩上了一层暗色。

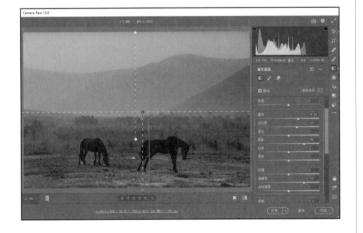

[步骤 2]

调整好远景后继续调整近景，选中"新建"，然后从下往上直接拖曳两匹马到上端，此时的调整是不对的，我们需要修改下方渐变滤镜的参数。把"曝光""对比度""阴影""清晰度""饱和度"分别调整为 +1.25、+27、+50、+50、+25。调整的原则是提亮近景，并且增加近景的饱和度、清晰度。通过以上两个渐变滤镜的调整，照片的艺术感马上就提升了许多。

[步骤 3]

照片中的两个主体物（两匹马）太黑了，很难看到细节，因此我们需要通过局部曝光的调整让它们丰富起来。选择调整画笔工具，此时 Camera Raw 右侧显示的是调整画笔可以调整的内容。适当提高"曝光""阴影"及"清晰度"的值。放大图像，适当调整画笔大小和羽化程度，在马的身上轻轻擦涂一次即可。可以发现调整后马变亮了。

[步骤 4]

最后，为了增加照片的艺术感，我们进行局部颜色的调整。打开颜色分级面板，选择高光，把高光中的"色相"调整为 20，"饱和度"调整为 15，给照片增加暖红的光感，让照片的艺术感增强，两匹马在阳光的映衬下安静休憩的氛围就被营造好了。对比前后效果，是不是很有成就感？

原图

最终效果

外出拍摄时经常遇到一些情况，天气晴朗，蓝天白云，肉眼看起来是一幅绝美的画面，但拍摄出来的照片要么天空很舒服，建筑物死黑一片；要么建筑物清楚，天空曝光过度。这是因为照相机镜头没有人眼这样智能的感光能力，我们必须在后期对片子进行调整，幸好我们有 Camera Raw，这个工具真是太棒了！我总结了以下的调整规律，来对这种大光比的调整有的放矢。

6.6
大光比的画面
如何调整

案例 26

观察左图这张照片以及它的直方图，可以看到大部分像素分布在亮部和暗部，中间调很少。我们需要做的工作是分别调整亮部和暗部，让细节显现出来，然后增加对比度和清晰度，让照片通透、有层次，最后酌情调整饱和度即可。下面是具体的操作步骤。

［步骤 1］

首先把"高光"和"白色"分别调整到 −20 和 +10。压暗高光部分是为了让亮部细节更丰富，提高白色是为了让最亮的颜色增多，让照片亮部的对比度提高。

［步骤 2］

接下来调整暗部, 把"阴影"和"黑色"分别调整到 +70 和 -10。提高阴影, 是为了让暗部细节增多; 压暗黑色, 是为了让照片最暗的部分更多一些, 让整个照片的暗部有层次。

［步骤 3］

提高照片的"清晰度"和"自然饱和度", 分别调整到 +25 和 +15。这一步的调整是为了进一步增强照片清晰度, 并让整个照片的色彩更加浓郁。

［步骤 4］

我们发现, 为了增加对比度和调整曝光, 并没有移动曝光滑块和对比度滑块。因为天气晴好的环境下, 如果直接调整曝光, 很容易调过, 因此不推荐。而大光比的情况下, 本身像素分布就比较极端, 不建议再调整对比度滑块。如果整个照片比较灰, 则可以考虑再调整对比度滑块。在这里我们需要分别调整亮、暗两个部分的滑块来增加对比度。压暗高光, 提亮白色; 提亮阴影, 压暗黑色。这两种调整方法是比较有效的分别提高亮部和暗部对比度的技巧。

最终效果

原图

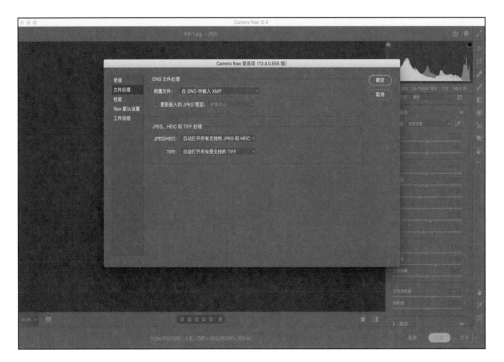

为了让 JPEG 格式照片也能使用 Camera Raw 调整，可以进行以下简单设置。单击 Camera Raw 界面中的设置图标，在弹出的首选项对话框中选择"文件处理"，在 JPEG/HEIC 下拉列表中选择"自动打开所有支持的 JPEG 和 HEIC"，单击"确定"按钮。下次只需要把 JPEG 格式的照片拖曳到 Photoshop 中，Camera Raw 编辑器就会自动弹出了，您就可以用 Camera Raw 编辑压缩的 JPEG 格式照片了。虽然少了部分功能，但是主要的基本设置还在，所以推荐大家以后也用 Camera Raw 编辑压缩照片。

第 **7** 章

后期中
如何准确控制白平衡

白平衡调节的方法总结起来一共有三种，而且都要使用 ACR 来调整，所以最好使用原片来进行调整，这样照片里的信息更多！

7.1
室内白平衡校正

在室内校正白平衡是我们最经常用到的操作，也是最简单、最直接的操作。室内不论是墙面、地面或其他部分都会有我们需要的"浅灰色地带"，能够方便我们直接就地取材。

案例 27

[步骤1]

看到照片，满眼的黄色，不用着急，仔细观察照片中有没有可取的"浅灰色地带"。我们很容易锁定目标——墙面，因为墙面就是原本应该为浅灰色的区域，但是拍照后发生了色偏。单击白平衡工具，然后在墙面单击一下就完成了白平衡的设置。

[步骤2]

对比前后效果发现，反差很大，色偏都已消失。是不是很方便呢？只需要单击一下就完成了设置。

修改后　　　　　　　　　修改前

在室内拍摄的人像照片最微妙的地方就是人物的皮肤颜色，平时用肉眼很难分辨皮肤色彩的微妙变化，借助白平衡工具，寻找"浅灰色地带"就成了首要目标。

7.2
人物白平衡校正

案例 28

[步骤 1]

选择白平衡工具，单击一下照片中的"浅灰色地带"，可以看到人物的肤色发生了微妙变化。

[步骤 2]

如果对这个变化效果并不是很满意，可以再次单击照片中其他的浅灰色地带，直到效果满意为止。在多数情况下，我们对人物的白平衡调整会反复尝试几次，因为细腻的人物皮肤颜色变化往往很微妙，多试几次会有很好的效果。

修改后

修改前

[步骤 3]

左图所示的对比图是修改前后的效果。如果仅仅用肉眼观看原图很难发现皮肤过于偏黄，经过科学校正后，对比才能发现较为细腻的皮肤颜色变化。

7.3
晴天室外的白平衡校正

在室外拍摄的时候，如果有"浅灰色地带"，我们仍可以使用白平衡工具来调整；如果没有可用的"浅灰色地带"，就需要进入第 2 个选项：白平衡预设。

案例 29

［步骤 1］

这是一张典型的室外拍摄照片，可惜我们找不到可以利用的"浅灰色地带"，因此选择使用白平衡预设选项。在 Camera Raw 界面右侧的白平衡中有预设的下拉列表，从中选择"自动"。

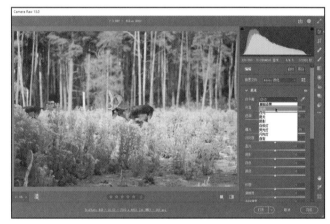

［步骤 2］

单击后照片发生了很微妙的变化，光线更加清冷。对比修改前和修改后，就会发现修改前色调偏暖，而这个微妙的变化让照片恢复了拍摄时的色调。

修改后 　　　　　　　　修改前

乍一看雪景的照片，很难用肉眼调整好白平衡，整张照片白茫茫一片，如果用白平衡工具直接定义，会无从下手，整个风光都被白雪笼罩。此时需要借助白平衡预设，但是预设中没有雪景这个选项，那么就需要采用综合调修的手法了。

7.4
雪景的白平衡

案例 30

[步骤 1]

单击白平衡预设中的"自动"选项，照片色调马上就变暖了。

[步骤 2]

因为使用的是自动的预设，如果感觉画面过暖，可以通过适当降低色温来完成白平衡的设置。

7.5
夜景中控制白平衡的方法

拿到夜景照片后，我们发现实在难以找到一个合适的浅灰来定义白平衡，预设中同样也没有夜景的选项，而拍摄时出现的蓝色冷色调该如何消除呢？

案例 31

〔步骤 1〕

既然没有可以利用的"浅灰色地带"，那么就进入白平衡预设选项，选择"自动"选项。选择后发现整张照片被点亮了，但是色调过黄了。

〔步骤 2〕

接下来调整色温滑块，适当地将"色温"降低到 3650，既纠正了蓝调，又真实还原了夜景的场景。

调整好之后可以对比修改前后的两张照片，感觉修改后的照片比原图看着更舒服些了。

调整白平衡总结：虽然我们介绍了尽可能准确地调整白平衡的方法，但是并不意味着这就是标准答案，最重要的是你是摄影师，照片的风格和色调还是要由你来把控，"正确"的白平衡不一定是"最合适"的白平衡。

修改后

修改前

第**8**章

锐化与清晰度

无论是风光摄影、人像摄影，还是静物摄影，大家都希望能看到非常清晰的照片。照片的锐化工具在这里起到了很大的作用。那我们该如何使用这些好的工具呢？本章将重点介绍锐化与清晰度的使用方法和技巧。

8.1
锐化与清晰度是什么

首先我们需要了解锐化和清晰度的区别，之后了解锐化在风光、人像、静物照片中起到的作用。这一步工作一般都会在其他工作完毕后用作最后的点睛之笔。

案例 32

〔步骤 1〕

首先用 ACR 打开一张原片，在右侧面板中找到"基本"—"清晰度"，设置"清晰度"为 0，此时物体的质感变化一般，效果不突出。

注意：在 ACR 中的调节是不会影响原片的，所以建议大家在这里调整清晰度和锐化，或者在 Phtoshop 的菜单栏中选择"滤镜"—"Camera Raw 滤镜"（快捷键 Shift+Control+R）。

〔步骤 2〕

打开基本面板，将"清晰度"分别调整到 +100 和 -100，观察照片的效果。这是比较极端的做法，一般建议大家在增加清晰度时要小幅度地增加，若是静物，"清晰度"为 +50 ～ +80 比较好。

清晰度 - 100

清晰度 + 100

将画面放大到 100%，观察细节部分，会发现非常明显的对比效果。"清晰度"为 +100 时细节处的对比被加强，整体的质感得到提升。同时噪点也提高了，所以在调节清晰度时要注意噪点的范围。"清晰度"为 -100 时整个画面有种被"磨皮"的感觉，物体变得很朦胧。一般调节人像（尤其是女性或儿童）、美食、比较柔软的物体的照片时，适当降低清晰度是非常必要的。

锐化是另一个非常重要的设置参数，它看起来和清晰度比较相似，但是在细节上还是有一定的区别。锐化主要是对明暗反差比较大的地方进行锐化，或者直观地说就是对轮廓位置进行锐化。锐化面板下有 4 个滑块，分别是"锐化""半径""细节"和"蒙版"。

〔**步骤 5**〕

锐化：主要控制锐化的强度。

〔**步骤 6**〕

半径：用来决定作为边沿强调的像素点的宽度。如果"半径"值为 1，则从亮到暗的整个宽度是两个像素；如果"半径"值为 2，则边沿两边各有两个像素点，那么从亮到暗的整个宽度是 4 个像素。"半径"值越大，细节的差别越清晰，但同时会产生光晕。

〔**步骤 7**〕

细节：用来控制锐化后的明显程度，该数值越高细节越明显，但是越假，建议一般调节到 25 ～ 30。

蒙版：控制局部效果的遮挡，该数值调节得越大遮挡的越多。当调节到100时，则只对画面中的明显轮廓起作用，其他位置都被遮挡。

调整后

调整前

8.2
风光片
如何调整锐度与清晰度

风光照片中，一般清晰度是用来控制全局的，如果想让照片更加通透、清晰，一般都可以将清晰度调整得比较高。另外，锐度的调节主要是对画面中有明暗变化的位置（也就是明暗交接的位置）提高颜色的对比度，从而让画面看起来更加清楚。

案例 33

［步骤 1］

打开右图所示这张风景优美的风光照片，无论是构图、曝光、题材都非常不错，如果能让主体更加突出、更加清晰一点就更好了。对比一下调整完清晰度后的效果，还是非常明显的。

［步骤 2］

打开基本面板，将"清晰度"调整到 +81，可以发现比之前清楚很多了，整个画面明暗的对比也加强了，远处的海平面也清晰了。

［步骤 3］

由于岩石的轮廓并不是很清楚，所以调整好清晰度后，再来设置一下锐度。打开细节面板，将"锐化"调整到 118，此时我们发现画面有更多的细节得以展现。

锐化前

锐化后

最后在细节面板中将"半径"调整为 0.5，"细节"调整为 25，"蒙版"调整为 40，此时整个画面的边缘都得到了合理的锐化，看上去非常清晰。

案例 34

接下来我们再看一个风光照片的例子，同样是调整了清晰度和锐度，前后对比非常明显。所以在风光照片中，清晰度的调节是必需的。还有很多人会纠结到底是佳能相机还是尼康相机拍摄出来的效果比较好。其实不管用什么相机拍摄，前期拍摄的照片有多清楚，都比不上后期通过调整清晰度和锐度那样清楚，所以必要的后期处理还是很有用的。

总结：
在风光照片中一般建议大家把清晰度调整得高一些，+75 ～ +100 都行，这样可以看得更加清楚，当然还是要根据实际的情况调整。另外锐度的调节建议大家选择数量在 20 ～ 50 这个范围内，半径大概在 0.5 ～ 1 这个范围内，细节在 25 ～ 40 这个范围内，蒙版的数值适当大一些，在 80 ～ 95 这个范围内，这样风光照片看起来要好很多，并且可以解决一些画面不通透的问题。

8.3
人像中
如何调整锐度与清晰度

在人像的锐化中，一般分青壮年男性和女性、老人和孩子，不同类别的人像锐化的程度是不一样的。增加清晰度可以让男人更加阳刚，老人的皱纹更清楚;降低清晰度可以让女人皮肤柔和，孩子更加稚嫩 。本节将通过下面的两个案例来看看具体如何操作。

案例 35

[步骤1]

首先打开一张老人的人像照片。为了表现出岁月的沧桑，需要增加清晰度，将画面的层次感提升，并且要将人物的轮廓进一步加强。

[步骤2]

在 ACR 中先调整整体的清晰度，让画面更有质感。将"清晰度"调整到 +60，此时老人面部的细节完全凸显出来。一般在调节老人的照片时，清晰度的增加值都比较高，这样效果比较明显，但是也要注意分寸，千万不要过头。

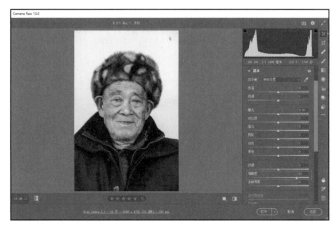

[步骤3]

此时放大画面来观察，可以发现变化很明显，图像看起来清楚多了。

[步骤 4]

整体提高清晰度后，再对画面局部进行锐化，将轮廓变得更清楚。打开细节面板，将"锐化"调整为100，"半径"调整为0.5，"细节"调整为25，"蒙版"调整为80，这时人物的轮廓和细节更加突出了。

[步骤 5]

再次将画面放大并观察照片，可以看到细节丰富了很多。

[步骤 6]

最后对比一下前后的两张照片，发现有非常明显的变化，尤其是老人的眼睛更加有神，各种毛发清晰可见。

修改后

修改前

案例 36

［步骤 1］

打开右图所示照片，我们发现人物的皮肤还不错，先将基本面板中的"清晰度"向左右两个极端值滑动，对比一下效果。不难发现，往 –100 的方向调整是正确的。

清晰度 –100　　　　　　　清晰度 +100

［步骤 2］

先将"清晰度"调整到 –20，此时人物皮肤变得非常柔和。

［步骤 3］

然后打开细节面板，将"锐化"调整到 121，"半径"调整到 0.5，"细节"调整到 26，"蒙版"调整到 80，这时人物的轮廓和细节更加突出（这里有个小技巧，调整半径、细节、蒙版时，按住键盘上的 Alt 键，你会惊奇地发现整个画面变成黑白的线条图了）。

[步骤4]

　　最后我们对比一下前后的效果，发现人物皮肤变得柔和，轮廓更加清晰。通过细微的调整，整个人物的神态就不一样了。一般情况下，在调节女性和儿童的照片时都可以使用上面的方法，建议大家多多尝试和练习。

修改后

修改前

8.4
静物摄影中
如何调整锐度与清晰度

产品摄影中对清晰度和锐度的要求其实是非常苛刻的，不同的产品材质不一样，质感不一样，需要拍摄者在后期处理时增加或降低锐度，从而营造出细腻逼真的质感。本节将通过一个实例来给大家讲解。

案例 37

[步骤 1]

首先打开这张仙人掌照片，这张照片的整体颜色和曝光都非常准确，但是画面不够清楚。

[步骤 2]

先将照片导入到 ACR 中，打开基本面板，将"清晰度"调整到 +60，放大看看细节，发现变化很明显。

[步骤 3]

打开细节面板，将"锐化"调整到 70，"半径"调整到 1.0，"细节"调整到 50，"蒙版"调整到 80，可以看到细节得到完美体现。

注意：在细节上的处理往往都是很精细的，细微地调节即可。另外，你要考虑照片最终会用在哪里，最后需要多大的尺寸。如果这只是一张 2 寸大小的照片，那在很多设置上就不需要太精细，因为最终出来的效果不会受微调的影响。

最后，对比原图与修改后的照片。不难发现，清晰的照片更能刺激人的感官，画面的细节影响了整体的效果。

修改后

修改前

8.5
滤镜中
常用的 USM 锐化

在 Photoshop 中有一组锐化滤镜，在这组滤镜中有一个非常常用的 USM 锐化，它一般用在调整画面的最后一步，起着非常重要的作用，尤其是在人像和风光照片的调修中。

案例 38

[步骤 1]

打开这张漂亮的蒲公英照片，这张照片整体给人的感觉比较柔和，边缘虚化得很唯美，但如果能够再锐利一些，感觉就更好了。

[步骤 2]

首先复制一个背景图层，然后在菜单栏中选择"滤镜"－"锐化"－"USM 锐化"，在打开的对话框中设置数量、半径、阈值。

"数量"确定增加像素对比度的数量。一般来说，控制在50% ～ 200% 时的效果比较好，不然会出现边缘发亮的现象。

"半径"确定边缘像素周围影响锐化的像素数目。

"阈值"确定锐化的像素必须与周围区域相差多少，才会被滤镜看作边缘像素并被锐化。为避免产生杂色，一般把阈值设得大一些比较好，比如在 1 ～ 6 色阶，具体数值可根据画面大小来决定。

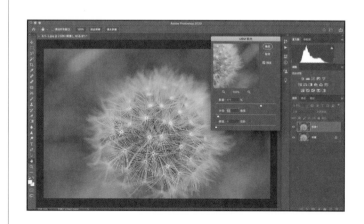

修改后

修改前

［步骤 3］

很多时候我们都会考虑，到底"半径"的数值设置在多少合适呢？有没有标准？这个很难说，必须在细节放大到 100% 的情况下去调整，不然基本看不出来。可以将"半径"滑块从左到右移动，来观察效果的变化，这样就非常直观了。

［步骤 4］

最后对比一下锐化前后的效果。锐化一般都是在后期处理的最后一步进行调整，可以起到画龙点睛的作用，尤其是在人像后期处理中。

第 **9** 章

畸变的校正

　　很多照片都会出现畸变与透视的效果，有时候这种照片会让画面变得很难看，这就是镜头畸变带来的后果，但通过后期的手法简单地调整就可以解决这些问题。

9.1
镜头畸变如何调整

一般来说，镜头畸变是光学透镜固有的透视失真的总称，也就是因为透视原因造成的失真。这种失真对于照片的成像质量是非常不利的。毕竟摄影的目的是为了再现，而非夸张，但因为这是透镜的固有特性（凸透镜汇聚光线，凹透镜发散光线），所以无法消除，只能改善。完全消除畸变是不可能的，目前最高质量的镜头在极其严格的条件下测试，在镜头的边缘也会产生不同程度的变形和失真。因为有了镜头的畸变，所以我们需要通过后期的方式来校正畸变。

案例 39

［步骤 1］

打开右图所示这张漂亮的草原风光照片，我们不难发现，在画面的周边会有一些变形和暗角，这是由于这张照片是用 16mm 的广角端进行拍摄的。

［步骤 2］

在 Photoshop 中有这张照片的参数，我们在菜单栏中选择"滤镜"—"镜头校正"。

在镜头校正界面中选择"自动校正"，此时镜头配置文件会快速显示出拍摄这张照片所使用的镜头和型号，并配置一个对应的 Adobe 文件来进行校正。大多数情况下，照片的畸变都会有明显的变化。

[步骤 4]

还可以通过"镜头配置文件"下拉列表来选择对应的镜头参数和配置文件。此时我们发现周边的暗角和畸变得到很好的改变，看起来好多了，完成校正后单击"确定"即可。

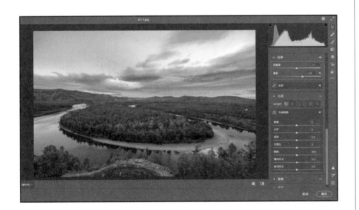

[步骤 5]

另外，还可以通过手动调整来校正画面的畸变。在 ACR 中打开这张照片，在光学面板中将"扭曲度"调整到 +1（控制畸变程度），将"晕影"调整到 +25（主要用来修正周边暗角范围）。

〔**步骤 6**〕

　　"紫边"是指用数码相机在拍摄过程中由于拍摄对象反差较大，在高光与低光部位交界处出现的色斑现象，即数码相机的紫色（或其他颜色）。在 ACR 的光学面板中有一个"去边"选项，就是用来修正照片紫边和绿边的。放大画面局部，如右图所示，能够看见这部分画面中出现了明显的紫边和绿边。

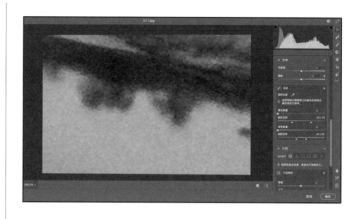

〔**步骤 7**〕

　　在去边选项中将"紫色数量"调整到 6，将"紫色色相"调整到 30/70，将"绿色数量"调整到 9，将"绿色色相"调整到 40/80。此时发现花边边缘的颜色都被消除掉了，这样我们就去掉了难看的色边。

修改前

修改后

透视变形指的是一个物体及其周围区域与标准镜头中看到的不同，由于远近特征的相对比例变化，发生了弯曲或变形。透视变形是由拍摄和观看图像的相对距离决定的，因为成像的视角也许会比观看物体的视角更窄或是更广，这样看上去的相对距离就会与所期待的不一样。一般会在拍摄建筑时遇到此类问题，并且非常难看，所以我们要通过后期来校正这种透视变形。本节将通过以下的例子来看看如何具体操作。

9.2
透视变形如何调整

案例 40

［步骤1］

左图所示这张城堡建筑的照片中，我们发现有明显的畸变，因为是从下往上拍摄，所以会出现上小下大的透视，如果是笔直的建筑就会出现上窄下宽的效果。出现这种情况时，一般通过"镜头校正"或"自适应广角"来解决。

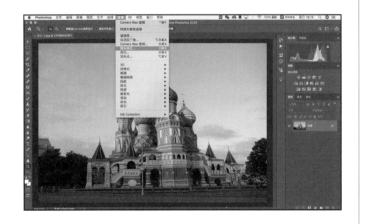

［步骤2］

在 Photoshop 中打开这张照片，在菜单栏中选择"滤镜"-"镜头校正"（快捷键 Shift+Control+R)，进入镜头校正的界面。

[步骤 3]

选择"自动校正",然后选择正确的镜头配置文件即可完成操作,这样可以快速解决畸变和周边暗角的问题。

[步骤 4]

感觉画面中的建筑有些向左侧倾斜,所以我们在校正透视变形前先解决画面倾斜问题。我们选择拉直工具对画面上本应该是水平的地平线进行拉直校正。

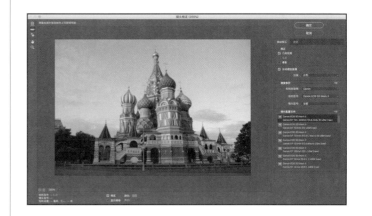

[步骤 5]

选择"自定",在右下角的变换面板中,将"垂直透视"调整到－45,将"比例"调整到65%,单击"确定"按钮,这样整个画面就校正完毕了。

接下来对整个画面进行裁切，选择工具栏左侧的裁切工具（快捷键 C），然后选择裁切范围，把多余的部分裁切掉，这样透视变形就基本裁切完毕。

[步骤 7]

同样这张照片，单击菜单栏的"滤镜"—"自适应广角"。整个功能的设计初衷是校正广角镜头畸变，不过它还有一个更好的作用，就是找回由于拍摄时相机倾斜或俯仰丢失的平面。

[步骤 8]

如左图所示，我们通过工具栏中的第一个工具对由于畸变使原本应该是直线的线条成为曲线进行约束。系统会将任何我们指定的线条变成直线，从而达到校正畸变的目的。

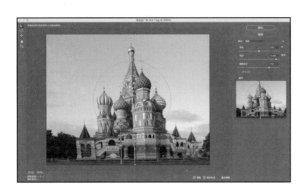

选择一条本应该是垂直的基准线

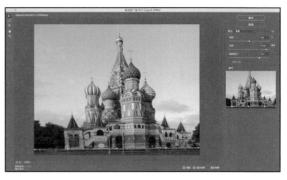

选择变形的地面，将它强制变成水平

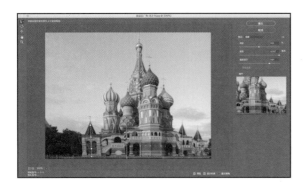

通过强制校正，整个画面中的变形区域基本都得到了很好的校正

将建筑物局部放大后可以发现，垂直面都得到了较好的校正，
但是水平面会稍微差一些

第 **10** 章

将作品导出

这是很朴实的一章，但是很重要。虽然没有华丽的调修效果，但是本章是我们每天都要用到的知识——根据不同要求导出照片。

10.1
作品用于印刷

这是最高质量的文件输出，在将我们最好的摄影作品集整理、打印输出时，需要注意到色彩空间、分辨率、图像尺寸、格式等要求。下面来向大家着重讲解。

■ 10.1.1 将照片输出为作品集尺寸

案例 41

[步骤 1]

首先需要的是原片，如果连原片都不是的话，也就无法称为作品集了。打开原片后，在 Camera Raw 编辑器的最下方有一行类似链接的文字，单击以后打开"首选项"对话框，选择"工作流程"。

[步骤 2]

在这个对话框中注意几点设置，色彩空间一定要选择 Adobe RGB 模式，色彩深度选择 16 位 / 通道，图像大小选择默认值，分辨率设置为 300 像素 / 英寸，单击"确定"按钮完成设置。

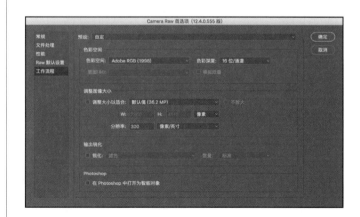

［步骤3］

接下来单击"存储图像"，弹出"存储选项"对话框。在这里注意以下几点设置，格式选择"TIFF"（印刷统一选择这种无损的格式）；压缩选择"ZIP"（如果不压缩的话，照片占用的硬盘空间会非常大）。

单击"存储"按钮即可完成对照片的输出工作。

［步骤4］

如果需要批量输出作品集印刷，全部打开原片以后，选择"全选"按钮，后面的操作与上文一致即可。

■ 10.1.2 将照片调整到海报尺寸

我们拍摄的照片有时候会输出为海报素材，这也是印刷的一种输出。作为海报素材，多数情况下我们希望照片越大越好，颜色信息越丰富越好。同样，在条件允许的情况下尽量使用原片。具体的操作与作品集的输出类似。

案例 42

[步骤 1]

打开原片后，单击编辑器最下方的一行类似链接的文字，弹出"首选项"对话框，选择"工作流程"，设置如下：色彩空间选择 Adobe RGB 模式，色彩深度选择 16 位／通道，图像大小选择默认值，分辨率设置为 300 像素／英寸（这里稍微有些不同，如果把分辨率设置为 240 像素／英寸也是可以的）。

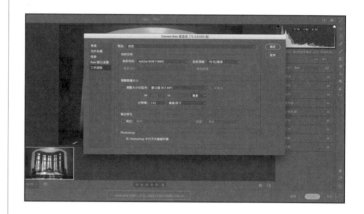

[步骤 2]

单击"存储图像"，弹出"存储选项"对话框。在这里注意以下几点设置：格式选择"TIFF"，压缩选择"ZIP"，单击"存储"按钮即可。

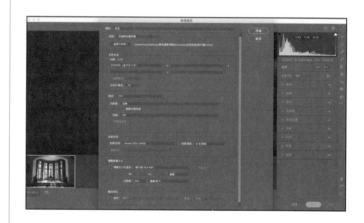

[步骤 3]

如果素材并不是十分令人满意的原片怎么办呢？将照片在 Photoshop 中打开，选择"图像"—"图像大小"，这时会弹出一个对话框。

单击宽度和高度右侧的下拉按钮，在下拉列表中选择"百分比"选项。这里要注意，海报的尺寸画

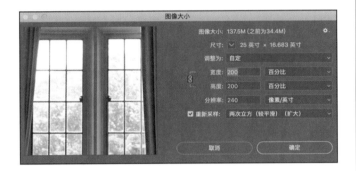

幅往往比较大，如果素材为 JPEG 格式的照片，则尺寸往往比较小。众所周知，在后期中把压缩过的小图放大势必会对图像质量造成一定损失，那么一定不能放大吗？从经验上看，把 JPEG 格式图像放大到原图的两倍以内是勉强可以接受的，因此我们可以将百分比设置为 200，最大限度地扩大图像，但这也是我们能做的最大调整了，原则上还是要尽量使用大图、使用原片。

接下来勾选"重新采样"复选框，在下拉列表中选择"两次立方（较平滑）（扩大）"选项，单击"确定"按钮即可。

10.2
作品用于显示屏观看

拍摄的作品如果仅用于计算机或手机观看，那么对于图像的质量要求就远低于印刷品了，分辨率和像素大小控制在屏幕观看的级别即可，过大的清晰度反而会减慢浏览速度并且占用过多存储空间，得不偿失。

■ 10.2.1 在 Camera Raw 中直接存储

如果在 Camera Raw 中完成了调片工作，不需要进入 Photoshop 中继续修改，要存储为计算机显示观看模式，只需要在 Camera Raw 中进行设置就可以了，具体操作如下。

案例 43

[步骤 1]

在 Camera Raw 编辑器的最下方有一行类似链接的文字，单击以后打开"首选项"对话框，选择"工作流程"，将色彩空间改为 sRGB，将色彩深度改为 8 位 / 通道；图像大小设置为 1534×1024，分辨率定为 72 像素 / 英寸，单击"确定"按钮。

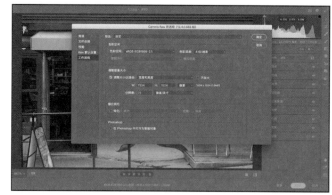

[步骤 2]

在 Camera Raw 中单击"存储图像"按钮，弹出"存储选项"对话框，单击"选择文件夹"按钮设置文件存放的位置，接下来设置文件名，格式为 JPEG，品质为 8 即可，单击"存储"按钮即可完成存储工作。

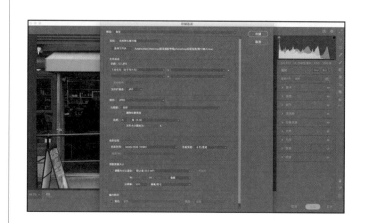

10.2.2 在 Photoshop 中存储图像

如果在 Camera Raw 中并没有完成后期的调整工作，在 Photoshop 中已经进行了部分后续修改，下面需要存储为计算机观看模式，就需要在 Photoshop 中进行如下设置了。

案例 44

[步骤 1]

首先不要急着存储为 JPEG 格式，而是单击"文件"－"存储为"，在弹出的对话框中设置存储的路径，然后将格式设置为 Photoshop 格式（又称为 PSD 格式），单击"存储"按钮。存储为 Photoshop 格式的好处是方便对作品进行反复修改，之前操作的图层、路径等都是可以进行再次打开编辑的。

[步骤 2]

在 Camera Raw 中单击"存储图像"按钮，弹出"存储选项"对话框，单击"选择文件夹"设置文件存放的位置，接下来设置文件名，格式为"JPEG"，品质设置为 8 或 10 即可，最后单击"确定"按钮就完成了存储工作。

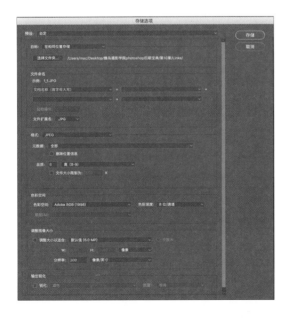

■ 10.2.3 将照片批量输出 到计算机观看

调整好一批照片，现在需要最终整理好并在计算机中统一观看了。有什么办法能够快捷地输出文件呢？这里我们介绍 Photoshop 的一个实用的批量处理功能。

案例 45

[步骤 1]

首先要做的事情是把待处理的文件统一放到一个文件夹中，并且重命名。为了更好地说明通用性，在这个文件夹中包含了常用的格式，有 Photoshop 格式、原片格式、JPEG 格式、TIFF 格式等。

[步骤 2]

在 Photoshop 中单击"文件"—"脚本"—"图像处理器"，此时弹出"图像处理器"对话框，单击"选择文件夹"按钮，找到第一步中保存好的文件夹，选择"打开"。

选中"在相同位置存储"，多数情况下这是一个默认选项，保持即可。

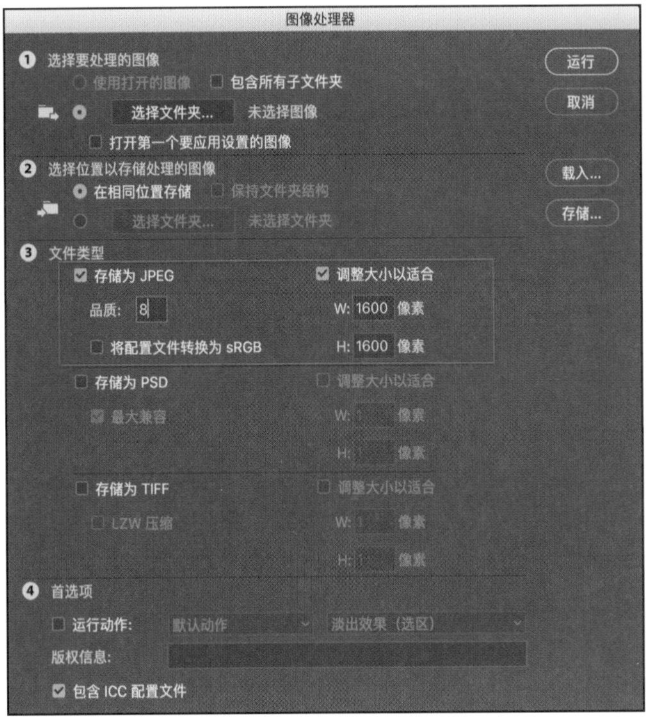

文件类型选择"存储为 JPEG"，储存品质设置为 8，勾选"调整大小以适合"。宽度（W）和高度（H）分别输入 1600 像素，这表示如果输出的图像为横版，那么宽度为 1600 像素；如果输出的图像为竖版，那么高度为 1600 像素。

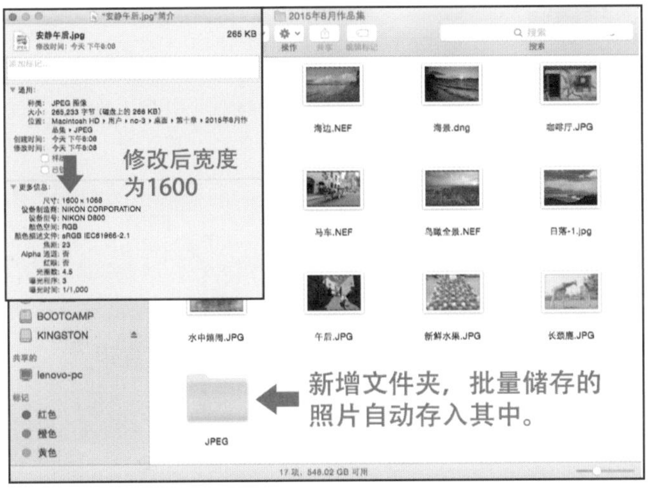

修改后宽度为1600

新增文件夹，批量储存的照片自动存入其中。

[步骤 4]

单击"运行"按钮，此时我们不用再去进行任何操作了，计算机会自动为你处理好所有事情。完成后，我们发现在原文件夹内自动增加了一个名字为 JPEG 的子文件夹，打开后可以看到所有的图像都被输出到这里了。

■ 10.2.4 将照片批量输出
为手机端观看模式

将照片输出为手机观看素材的操作与批量输出到计算机观看的模式基本一致，只有两点不同可以加以区别。尽量使用批量处理工具，这样不仅方便管理，还可节省时间。

在图像大小的设置中，最长边可以设置到 1280 像素或 1024 像素，因为手机观看不需要过高的尺寸，适当降低尺寸可以有效地节约存储空间。如本案例中的设置为宽度 1280 像素就是比较合适的一个尺寸，品质可以设置为 6。

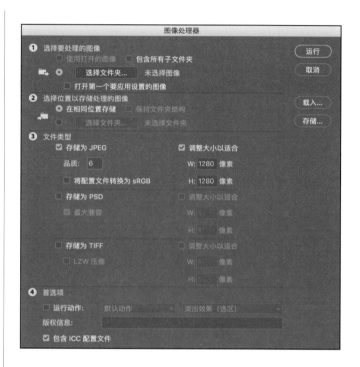

我们拍摄的素材与最终输出的尺寸往往不一致，有的时候需要把照片改小，有的时候屏幕观看的照片或者相机设置的分辨率与印刷不一致，有的时候需要输出的长宽比与拍摄的照片不一致。这几个问题在文件输出过程中是比较常见的。下面就带领大家解决这些棘手的问题。

10.3 尺寸和边长的设定

■ 10.3.1 如何把大尺寸照片缩小

这是最简单的问题，从大到小的变化只需要很简单的设置即可。在 Photoshop 中设置尺寸的时候，从大到小的变化都是很方便的，但是切记尽量不要把小尺寸画幅的照片放大，小画幅放大势必会有损失。万不得已需要放大的时候请参照 10.1.2 的内容。

案例 46

〖步骤 1〗

在菜单栏中选择"图像"－"图像大小"，在"图像大小"对话框中，尺寸大约为 30 英寸 ×20 英寸，确保宽度与高度的链接是连上的，确保勾选"重新采样"。

〖步骤 2〗

然后只需要输入想要的小尺寸即可，比如我们修改宽度为 10 英寸，此时高度就自动变成了 6.674 英寸。这样即保证了图像大小成比例变化，也能保证缩小宽度后，高度尺寸会按比例自动适应，因此不需要再次输入高度了。注意，分辨率保持为240 像素 / 英寸不变。

■ 10.3.2 如何将低分辨率 照片输出为可供印刷的高 分辨率照片

右图所示是一张在计算机屏幕上观看的分辨率为 72 像素 / 英寸、宽度为 21.306 英寸、高度为 14.222 英寸的照片。我们拿到这样的照片是很常见的，对于显示的 21.306 英寸 ×14.222 英寸的尺寸，在计算机观看绰绰有余，但如果用于印刷呢？因为印刷的分辨率大多用到 240 像素 / 英寸或者更高，这里就牵扯到了一个转换的问题。

案例 47

［步骤 1］

首先在菜单中选择"图像"-"图像大小"，在弹出的对话框中取消勾选"重新采样"复选框。

［步骤 2］

接下来将分辨率手动输入为 240，此时宽度和高度跟着发生了变化。为了更直观，将单位切换为英寸，我们读到的结果就是这张照片如果采用分辨率为 240 像素 / 英寸来印刷，那么能够输出为大约 6.392 英寸 ×4.267 英寸的尺寸。

如果把分辨率数值调整到 300 像素 / 英寸，那么能够输出的尺寸约为 5.113 英寸 ×3.413 英寸。

■ 10.3.3 照片尺寸比例与目标印刷尺寸比例不适合，如何处理

如左图所示，新建尺寸为 8 英寸 ×10 英寸，分辨率为 300 像素 / 英寸的文件。将选好的照片拖入到文件中，并且适当缩小到与 8 英寸 ×10 英寸相匹配时，发现照片的高度与文件一致了，但是宽度明显不够，因为原照片相对竖长，导致拖入后出现左右两条空白空间。照片比例与目标尺寸比例明显不一致，如何解决这个问题？

如果强行等比例放大，让照片宽度也适合文件，则势必会在高度上牺牲过多的原始素材。

如果使用变形工具，强行拖曳左右，那么照片的内容就发生了横向形变，而且中间的主体人物势必会变胖，造成形体扭曲。

案例 48

［步骤 1］

下面介绍内容识别缩放，这个工具既可以完成照片的缩放又不会破坏人物主体。

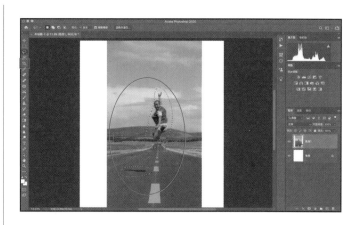

首先使用套索工具，在人物的周围大体地把人物主体抠出来，注意不要忘记同时抠出地上的人物阴影。抠完人物以后，按住 Shift 键的同时继续使用套索工具，把阴影抠出，这样就同时有了两个选区。

［步骤 2］

右键单击画面，在弹出的快捷菜单中选择"存储选区"，在弹出的对话框中输入名称：要保护的主体。单击"确定"按钮完成设置，按 Control+D 组合键取消选择。

［步骤 3］

选择"编辑"菜单当中的"内容识别缩放"，此时自动弹出了可拖曳的选框，在"保护"的下拉列表中选择之前存储的选区名称：要保护的主体。数量设置为 100%，尽量多保护主体。

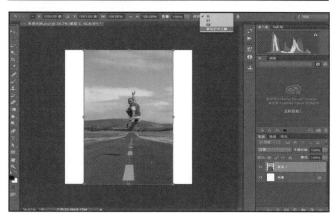

接下来分别将选框向左右两端拖曳到合适的位置。我们发现，背后的风景被合理地拉伸了，但是主体人物没有因为这次拉伸而变胖。

第11章

影调

所谓"影调"就是照片的明暗关系。不同的影调关系会给人不同的感受,简单说就是亮与暗在画面中的比例关系。

11.1
认识高、中、低调

影调本身能说话，根据题材、形式和个人感受的不同，每个人都有不同的理解。如果想获得大众或他人的共鸣，我们可以共同来寻找影调的规律，从经典的摄影作品或绘画作品中发掘共同的特性。如果你懂一些绘画的知识，那你对影调一定会有一些认识。没有也没关系，本节就先来普及一下这项基本知识。

高调

高调的作品是以白到浅灰的影调层次占了画面的绝大部分，加上少量的深黑影调。高调作品给人以明朗、纯洁、轻快的感觉，但随着主题内容和环境变化，也会产生惨淡、空虚、悲哀的感觉。一般多为雪景、白色的静物。

暗调

暗调作品以深灰至黑的影调层次占了画面的绝大部分，少量的白色起着影调反差作用。暗调作品形成凝重、庄严和刚毅的感觉，但在另一种环境下，它又会给人以黑暗、阴森、恐惧之感。

中间调

中间调作品以灰调为主，处于高调和暗调之间，反差小，层次丰富，影像以白至浅灰、深灰至黑的影调层次构成。中间调作品是摄影中最常见的一种影调。

软调

这类作品注重灰色的表现，黑、白、灰各影调层次都能很好地反映，给人的印象是层次丰富，质感细腻。

硬调

这类作品强调反差，画面上以黑白为主，去掉灰色的表现，给人以强烈的视觉印象。

冷调

冷调看上去有一种凉爽的感觉，它属于冷色调。见到冷色一类的颜色（如蓝、青等），会使人联想到海洋、月亮、冰雪、青山、碧水和蓝天等景物，让人产生宁静、清凉、深远和悲哀等感情反应。

暖调

画面看上去有一种温暖的感觉，它属于暖色调。人们看到比较温暖的色彩（如红、橙和黄等），会联想到阳光、火等景物，产生热烈、欢乐、温暖、开朗和活跃等感情反应。

对比色调

对比色调是以两种色相差别较大的颜色搭配所形成的色彩基调。冷暖对比是两种色相差别较大的颜色（如红与绿、黄与紫、橙与蓝）对比，能在视觉上造成一种色相反差，使各自的色彩倾向更加明显，从而更充分地发挥各自的色彩个性。

调和色调

调和色调是由相邻的近色（靠色）或色相环 90° 以内的色彩构成。调和色调不如对比色调那样强调视觉刺激，但却因其无色彩跳跃而让人感到和谐、舒畅，强化了淡雅、素净与温馨的效果。

纯调

色彩的纯度越高，表现越鲜明，给人舒畅、明朗的感觉，画面富有生命力。

灰调

色彩的纯度较低，则表现黯淡。这类色调比较含蓄并富有内涵，也会给人一种忧郁感。

案例

如果我们拍摄一个清纯美丽、气质高雅、身着白色衣服的少女，根据如上的理论和个人感受，我的选择如下。

（1）高调、暗调、中间调，我选择高调。

（2）软调和硬调，我会选择软调。

（3）冷调、暖调、对比色调、调和色调，我会选择稍稍偏冷的调和色调。

（4）纯调、灰调，我会选择灰调。

确定了这些，基本就能确定大概的拍摄环境、灯光布置、相机设置、后期处理等事项。接下来准确地表现主题，获得共鸣，就相对容易多了。

客观影调

自然因素所构成的影调。

主观影调

受人类思维和情绪的影响，通过前后期手段所表现出的影调。

客观影调和主观影调两者相互联系，相互影响，密不可分。客观影调自然形成，我们无法改变，但是可以选择。我们可以控制主观影调，正因为如此，主观影调是摄影师认为值得研究的内容——影调的控制方法。如果你的照片是为了符合一个主题，那么在影调的控制上就更加主观了。

后期明暗影调控制

Photoshop 中，很多方法都能达到这个基本要求。例如，减淡工具、加深工具、曲线、色阶、色相饱和度和明度。处理单色影像，也有很多方法，例如黑白、Lab 的 L 通道、去色和渐变映射等。

通过简单的渐变映射的方式来调整影调

渐变映射是一种非常常用的调节影调的方式

后期软硬影调控制

后期影调软硬的控制相对前期容易得多，有如 USM 锐化、高反差保留、高斯模糊和减淡加深工具等方法，还有很多好用的外挂滤镜，如 DHR 滤镜等。熟练地掌握一两个方法就可以很轻松地处理影调了。

后期彩色影调控制

Photoshop 的色彩控制能力特别强大。常用的有可选颜色、色相饱和度、色彩平衡和曲线。这里要求有一些色彩构成的基本知识，才能灵活运用这些调节方法。

软调－高斯模糊　　　　　硬调－USM 锐化

这里我们通过可选颜色、色相饱和度、色彩平衡和曲线这几个常用的调整颜色的方式对局部色彩进行了调整，方便快捷

有了上述的基础知识后，我们调节照片将更加自如，有些反差过大的照片通过调整会更加柔和。我们可以通过颜色调节、色彩平衡或对比度来调整，比如 USM 锐化、高反差保留、高斯模糊、减淡加深工具等方法。熟练掌握多个方法就可以很轻松地处理影调了。

11.2
将反差大的照片调整柔和

案例 49

［步骤 1］

风光照片中会经常出现大反差的照片，尤其是逆光下的效果。左边这张照片拍摄于下午 5 点多，太阳快落山时。前景的大树遮挡住了阳光，在逆光下拍摄，所以整个画面显得比较沉重，反差很大，这在画面右侧的直方图中也能明显地看出来。

［步骤 2］

接下来我们在 ACR 中对画面进行调整，先将整个天空压暗，突出云层的效果和质感。选择"径向滤镜"工具，框选树木的位置，将"曝光"降低至 -0.45，"对比度"调整到 +24，"高光"调整到 -100，"清晰度"调整到 +94，"饱和度"调整到 +6，"锐度"调整到 +87，"减少杂色"调整到 +6，这样天空的反差就降下来了，而云的层次也出来了。

天空修改前后的对比，整体感觉还是很明显的，这个径向滤镜是非常常用的

[步骤3]

提亮暗部，进一步降低反差，这里主要通过画笔工具对局部进行提亮。选择工具栏上的画笔工具，将调整画笔中"曝光"调整到+2.55，"对比度"调整到+24，"高光"调整到−14，"阴影"调整到+64，"清晰度"调整到+94，"饱和度"调整到+6，"锐化程度"调整到+87，"减小杂色"调整到+6，对暗部区域进行绘制即可。如果效果不够理想，可以再次使用画笔工具进行二次调整。完成后单击"确认"按钮。

局部通过画笔的润色是非常好的方法，关键是在 ACR 中的处理是无损的，所以大家拍摄时一定要使用原始格式拍摄。这样后期可调整的范围比较大，调整起来也比较方便。

[步骤4]

在 Photoshop 中打开调整后的照片，使用工具栏上的污点修复画笔工具对局部电线进行修复，并在菜单栏中选择"滤镜"−"锐化"−"USM锐化"，在打开的对话框中设置锐化参数。

最后，我们来对比一下减小反差前后的效果，是不是有点 HDR 的风格？这也是一种很常见的后期处理方式，但是要注意照片本身是否具备这样的条件。如果这张照片中的天空没有云层，那再降低反差就不好看了。严格意义上来说，整个画面是在做降低反差的操作，但是天空的云层是在做局部增加对比的效果。

修改后

修改前

11.3
将沉闷的照片调整通透

所谓沉闷的照片主要还是影调上的问题，太压抑，看上去不够通透，和我们个人的感受是一样的。就好比大雨来临前的感觉，天空云量很多、很暗，而雨后天气晴朗，空气清新，能见度非常高，看得很远，这就是通透。我们的照片也是一样，调节时就要注意调节以下几点：对比度、清晰度、颜色层次和明暗细节。

案例 50

〔步骤 1〕

首先我们来看一下右图所示照片，左侧是调整前的效果，非常压抑，灰灰的一点都不通透；右侧是调整后的效果，整个感觉变化非常大，天空的云也出现了，远处的房子也清楚了。下面我们看看整个调整过程。

调整前　　　　　　　　调整后

〔步骤 2〕

首先将照片用 ACR 打开，如果是原片会直接进入到 ACR 界面。在基本面板中将"对比度"调整到+75，"高光"调整到-81，"阴影"调整到+50，"白色"调整到+21，"黑色"调整到-52，"清晰度"调整到+69，"自然饱和度"调整到+21。在这些选项中，"清晰度"和"对比度"是调整通透非常重要的两个值，该值越高效果越明显，但是也会出现更多的杂色和污点。

〔步骤 3〕

此时整个画面变得通透多了，但是远处的山还不清楚，需要用到局部调整工具"渐变滤镜"。

备注：选择区域非常重要，从上到下的位置是很讲究的，一般可以先做一个大体的感觉，再调整。

打开渐变滤镜工具，设置好渐变位置后，将"曝光"调整到-1.4，"对比度"调整到+24，"高光"调整到-100，"清晰度"调整到+94，"饱和度"调整到+15，"锐度"调整到+36，"杂色"调整到-6。调整好后再看看结果，最终再调整位置即可。

〔步骤5〕

最终看到，通过调整，照片整体通透了很多。另外，最新版的ACR中多了一个去除雾霾的功能，只要拖动"去除雾霾"滑块即可轻松解决问题，这里我们将"去除薄雾"调整到+80，效果特别明显。

调整前

调整后

总结：伴随着软件的升级，Photoshop越来越智能化，很多常见的功能都得到了提升，尤其在最新的ACR中加入了"去除薄雾"功能，非常强大，通过特殊的算法将雾气去除，同样也可以添加雾气效果，一举多得。建议大家将软件升级到最新版本，这样工作效率也会成倍提升。

第**12**章

摄影
后期中的色彩问题

说到调色，无外乎需要了解色相、饱和度和明度的基本知识，在 Camera Raw 和 Photoshop 中都有相关的工具可对颜色进行调整、修改。本章重点介绍一些简单的调色工具以及方法，让大家能够快速掌握如何调整颜色，以及何时使用 Camera Raw, 何时使用 Photoshop。

12.1
调色概述

本节将重点介绍色相 / 饱和度 / 明度的知识，以及在 Camera Raw 中调色和在 Photoshop 中调色各自的优势。

■ 12.1.1 认识
色相 / 饱和度 / 明度

凡是谈到颜色，不可避免地要说到色相 / 饱和度 / 明度，在 Camera Raw 中有专门的设置，在 Photoshop 中也有色相 / 饱和度调整图层，这其实是我们认识颜色的三个关键元素。

以上这三个点综合在一起就定义了一种颜色，如右图所示的树林就是饱和度很高、明度居中的绿色。

那么这样定义颜色对于后期调整有什么帮助呢？是因为后期处理中的颜色问题多与这三者有关系。下面我们就列出一些最常见的颜色问题。

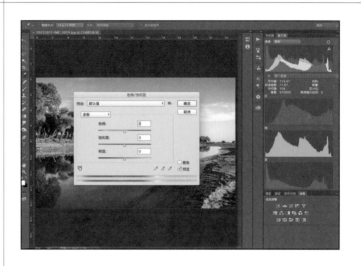

色相：顾名思义，就是色彩的相貌，到底是红色的、黄色的还是绿色的。
饱和度：直白点说就是色彩的纯度，到底是大红，还是淡淡的红色。
明度：色彩的明亮程度，到底是深红还是浅红，深黄还是浅黄。

问题一

照片的饱和度过低 (饱和度问题)。

问题二

照片的饱和度过高 (饱和度问题)。

问题三

照片的色彩平淡无味（这是由色相、饱和度和明度等多种问题造成的）。

问题四

照片中缺少光源色（色相问题）。

问题五

照片中颜色不对，或者需要修改部分颜色（色相问题）。

问题六

如何调整照片的色彩倾向（色相问题）。

问题七

如何制作暖色调的老照片（色相问题）。

我们看到，多数的色彩问题都离不开这三个要素，理解以上的内容对后期调整照片有着指导性的意义。

■ 12.1.2 在 Camera Raw 中调色的优势

在早年介绍 Photoshop 的时候大多会大篇幅地介绍色阶、曲线、色相饱和度、色彩平衡等 Photoshop 中的经典调整工具，随着时代的发展，Adobe Camera Raw 承接了绝大部分的照片后期调整工作。

那么照片都要用 Camera Raw 调整吗？完全不需要 Photoshop 了吗？当然不是。下面就介绍一下 Camera Raw 的适用范围及其优势。

_DSC6577.JPG   DSC_1526.NEF   _DSF4831.RAF

不论是否是原片格式，均可在Camera Raw中调整

任何照片都可以在 Camera Raw 中使用而不单单是原片，但是要强调的是，原片的质量是 JPEG 图像无法相比的，而且 Camera Raw 中调整的 JPEG 图像有些功能相对于原片是打了折扣的。即便如此，普通照片能在 Camera Raw 中进行编辑也是一件令人兴奋的事情。

整体调整照片颜色、曝光、白平衡等设置的时候尽量使用 Camera Raw。如果仅仅是整体调调照片，这样的工作多数情况下 Camera Raw 都能胜任，而且效果还不错。

12.1.3 在 Photoshop 中调色的优势

那么，是不是说在调色中 Photoshop 就一无是处了呢？当然不是！Photoshop 的优势是局部控制，虽然 Camera Raw 中也有蒙版，但是其方便程度远远不及 Photoshop。下面介绍一下在什么情况下应尽量使用 Photoshop。

局部调色，特别是需要配合蒙版操作的工作应尽量使用 Photoshop。Photoshop 的蒙版配合调整图层到目前为止还是非常好用的。

曲线工具很强大，在调色的时候难免会用到，尽量使用 Photoshop 中的曲线调整图层而不是 Camera Raw 中的曲线。在 Photoshop 中你会控制得更加精准，而在 Camera Raw 中还是偏向于整体把控。

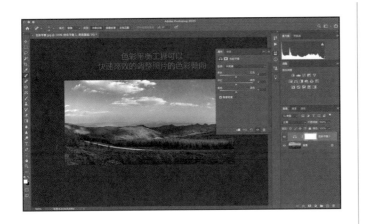

整张照片色彩倾向的调整最好使用 Photoshop 来完成，Photoshop 中的色彩平衡工具非常好用而且很简单，可以快速调整照片色彩倾向。

破坏性调色或者大幅修改、反复修改和多层组合等非常复杂的操作还是留给 Photoshop 吧！

12.2
在 Camera Raw
中的调色方法

在 Camera Raw 中调色常用到的工具分别是自然饱和度、饱和度、混色器（12.2 及之前版本中称为 HSL 调整）、渐变滤镜以及分离色调。在这些工具中，对于饱和度的调整和 HSL/ 灰度的调整是学习的重点，它们也是使用频率非常高的工具。

■ 12.2.1 增加饱和度的方法

在 Camera Raw 中增加照片的饱和度最常用的是自然饱和度滑块，与之配合的是饱和度。我的习惯是最后在调整好饱和度的基础上对清晰度进行追加，因为增加了饱和度，视觉上也需要一定的清晰度来相助。下面我们就分三步来解决这个问题。

案例 51

[步骤 1]

首先打开基本面板，将"自然饱和度"增加到 +40，此时我们发现整个照片的饱和度得到了温和的提升。直白地理解，自然饱和度是不会出现过饱和的现象的，而饱和度则会出现"调整过度"的现象，因此我们往往在增加饱和度的时候把自然饱和度的数值抬得高一些，饱和度滑块拖动得少一些。

[步骤 2]

接下来，我会习惯性地适当给照片的饱和度增加些"力度"，此时只需要适当地提高"饱和度"到 +15 即可，切记饱和度要慎用，而且用量要少一些。

调整好饱和度以后，不要忘记根据调整好的情况来酌情增加清晰度，此时我们把"清晰度"提高到+20即可。

下面是修改前后的对比图，可以看到不仅饱和度有所提升，相应配合的清晰度也会随之提高，照片的质感也随之提升。

最终效果

原图

12.2.2 降低饱和度的方法

虽然在后期调整的时候需要降低饱和度的情况并不常见，但是偶尔遇到颜色非常刺眼的情况，就有必要适当地降低饱和度了。调整的方法和增加饱和度的方法相类似，就是适当降低自然饱和度，酌情少量降低饱和度，最后适当增加清晰度即可。

案例 52

［步骤 1］

首先将"自然饱和度"降低到－20，此时照片中的红色、橙色和黄色不再那么刺眼了。

［步骤 2］

接下来适当减少照片的饱和度，这里将"饱和度"调整到－5即可，调整过大会让照片偏灰。

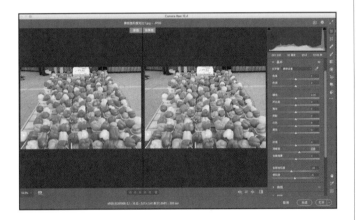

[步骤 3]

降低了饱和度后，为了让照片看着更精致些，把"清晰度"增加到 +15。

[步骤 4]

下面是修改前后的对比图，可以看到修改后照片的颜色不再那么刺眼，但是也并没有因为颜色饱和度降低而让照片灰下来，这在一定程度上是清晰度的"功劳"。

12.2.3 增加光源的方法

有时候我们的照片不是颜色不对，而是缺少光源的颜色氛围，此时需要凭空增加颜色来让照片看起来更加鲜活，Camera Raw 中的渐变滤镜就可以帮到你。

看到右图所示的一张海景照片时，无论如何也无法感受到这是夕阳的场景。此时我们要考虑两件事，首先把白平衡调得暖一些，然后需要利用渐变滤镜来主动增加光源的色彩。

案例 53

[步骤 1]

单击白平衡预设，选择"自动"，此时发现照片有了一些暖意，但是这还远远没有达到预期效果，人为地增加光源尤为必要。

[步骤 2]

单击"渐变滤镜"，在调整面板中将"曝光"设置为 -0.5，最关键的是打开"颜色"的方框，在弹出的拾色器中设定一个光源颜色，此处设置的"色相"为 37，适当降低"饱和度"到 57。

［步骤 3］

设置好渐变滤镜以后，在画面的最上方，单击鼠标左键并且向下拖曳，一直拖曳到海面边缘，如左图所示，整个海面就被一层暖光笼罩了。

对比调修前后的变化，可以看到，我们凭空为照片增加了一个暖色的光源，让照片整体颜色温暖起来。

■ 12.2.4 分离色调——另类定义高光与阴影色调的方法

这是一个小众的调整方法，可以定义场景中高光和阴影的色调，这样整体的调整，可以调整出很多有意思的照片。这里用一个烛光的案例来做介绍。

案例 54

[步骤 1]

右图所示是一张白平衡"正确"的照片，各个部分的颜色都还原了，但是照片却没有活力了。因为蜡烛的光源不方便整体拉一个渐变了事，为此我们就要采用分离色调的方法了。

[步骤 2]

打开分离色调面板，将高光中的"色相"和"饱和度"分别调整为40 和 40，将阴影中的"色相"和"饱和度"分别调整为 30 和 40，通过分别控制阴影和高光部分的色调以及饱和度完成了氛围光线的绘制。

■ 12.2.5 在 Camera Raw 中最常用的局部调色方法

很多人在第一次接触 Camera Raw 的时候对于混色器面板的调整有点摸不着头脑，其实多数情况下并不是要去调整"色相"/"饱和度"/"明亮度"选项卡中的每一个滑块，而是要配合目标调整工具，调整的范围是局部的色彩。下面通过两个典型的天空实例来说明（一个增加饱和度，一个降低饱和度）。

案例 55

［步骤 1］

拿到照片后观察，发现清晰度、对比度、曝光和白平衡都已经没有问题了，唯独蓝天似乎还不够蓝。如何操作能让照片在其他部分不动的情况下，只变化蓝天，让天空更通透呢？

［步骤 2］

在混色器面板的调整栏中有一个下拉菜单，选择"HSL"选项，在下面的三个标签中选择饱和度标签，单击目标调整工具，在蓝天的地方轻轻向上拖曳鼠标，发现天空马上就变得更蓝了（如果单击目标调整工具，向下拖曳鼠标表示降低饱和度）。

［步骤 3］

接下来，选择"明亮度"标签，同样选择目标调整工具，在蓝天处向下拖曳鼠标，发现天空马上就变深了（如果单击目标调整工具，向上拖曳鼠标表示提高亮度），这样降低颜色明度是为了让蓝天的厚重感更强。

［步骤 4］

以上就是非常标准的为蓝天增色的方法，多数情况下我们会将饱和度和明亮度两个选项配合使用，色相选项则较少使用。

调整前后蓝天的对比效果如下图所示。

案例 56

很多时候需要降低照片的饱和度，并不是因为饱和度过高，而是出于照片的风格需求。比如左侧这张照片，整体颜色饱和度比较低，如果增加颜色，效果也不一定理想，为此准备考虑一种新方法，降低照片整体饱和度，让照片局部色彩突出，以达到另类的风格特点。具体操作非常简单，只要熟练掌握混色器工具即可。

[步骤 1]

将原片在 ACR 中打开，混色器面板的调整栏中有一个下拉菜单，选择"HSL"选项，单击"饱和度"标签，选择目标调整工具，在远处的房子中从右往左拖动鼠标指针（没错，是从右往左，在目标调整工具配合调色功能使用的时候既可以选择上下拖动，也可以选择左右拖动，本次尝试左右拖动来降低饱和度），可以发现照片整体都变灰了，而最鲜明颜色部分的人物衣服、车、门店 Logo 的红色还保留着，这样我们就营造了一种艺术化的效果。

[步骤 2]

继续使用目标调整工具，在远处房子的绿屋顶上继续从右往左拖动鼠标指针，此时注意保留余地，留有淡淡的颜色即可。

［步骤 3］

使用同样的方法为其他部分去色，让照片只保留部分红色即可。

［步骤 4］

如果照片增加饱和度的效果一般，可以尝试这种"局部"降低饱和度的方法，来增加照片的趣味性和艺术感。

下图所示就是调整前后的对比效果。

最终效果

原图

在 Photoshop 中调整图像，就不得不提功能强大的调整图层。不同功能的调整图层解决不同问题，每个调整图层都可以配合蒙版帮助控制局部，这个附带的蒙版功能就是区别于 Camera Raw 的最好用的局部调整功能。在众多的调整图层中最常用到的是功能强大的曲线、色相／饱和度、照片滤镜（虽然很多人容易忽视它）和色彩平衡等工具。

12.3
在 Photoshop 中的调色方法

■ 12.3.1 快速制作
暖调／冷调照片

这是 Photoshop 中最容易操作的工具，也经常容易被人忽视，简单地增加一个照片滤镜就能够让整个照片的调子发生变化，并且是柔和的、不生硬的。

案例 57：制作暖色调风格

〔步骤 1〕

如左图所示，在 PS 中新建一个照片滤镜调整图层，在弹出的对话框中选择"加温滤镜（85）"，勾选"保留明度"复选框，此时发现照片很自然地变成了暖色调的风格。

［步骤 2］

可以根据需要适当调整照片滤镜中的密度。为了让照片更温暖，我们将"密度"调整到 80%。

案例 58: 制作冷色调风格

［步骤 1］

如右图所示，新建照片滤镜调整图层，在弹出的对话框中选择"冷却滤镜（80）"，勾选"保留明度"复选框，此时发现照片很自然地变成了冷色调风格。

［步骤 2］

可以根据需要适当调整照片滤镜中的浓度，此处我们将"浓度"调整到 31%，使照片变得更加清爽。

总结：在使用照片滤镜的时候，预设的下拉菜单非常丰富，我们可以任意选择需要的风格，并且调整适当的浓度来完成效果，也可以单击颜色按钮，在弹出的拾色器中定义颜色（多数情况下使用预设就足够了）。

■ 12.3.2 快速修改照片色彩倾向，让照片焕然一新

色彩平衡工具是很好的调整照片色彩倾向的工具，这个工具把照片分为了青色／红色、洋红／绿色、黄色／蓝色三组对立的颜色范围，可以根据实际需要向不同的颜色区域靠拢，通过这样的方法来达到调整照片色彩倾向的目的，而且可以分别调整照片的阴影、中间调和高光部分。

案例 59

［步骤1］

左图所示是一张晴天的风光照片，在秋天拍摄，但是秋天的感觉不够浓重，如何增加秋意呢？

首先想到调整色相／饱和度。在Photoshop 中创建一个色相／饱和度调整图层，单击抓手工具，把鼠标指针移动到草地处，然后将"色相"调整到 −15，给照片增加了一些红色氛围。

［步骤2］

继续观察照片发现，效果并不十分理想，整体的氛围还不够，此时就要考虑到色彩平衡的工具了。新建一个色彩平衡调整图层，将"色调"选择为中间调，将"青色／红色"滑块移动到 +15，此时照片色调整体向红色靠拢了。

[步骤 3]

将"色调"选择为阴影，把"青色 / 红色"滑块移动到 +15、"黄色 / 蓝色"滑块移动到 −15，这样就进一步增加了照片阴影部分的红色信息和黄色信息，让照片的秋意更浓。

最终效果

原图

■ 12.3.3 局部修改
照片色相、饱和度

    说到调整饱和度，在 Photoshop 中有自然饱和度和色相 / 饱和度两个工具可用，前者和 Camera Raw 中的类似，不必赘述，而后者不仅集合了色相 / 饱和度 / 明亮度三者合一的调整，而且可以进行很好的局部控制。

案例 60

[步骤 1]

    照片中的蓝色靠垫明显有些过于饱和，与周围环境不和谐，如果使用 Camera Raw 的目标调整工具降低该位置的饱和度，那么随之而来的是大面积天空的蓝色也会被牺牲掉，这是我们不想看到的。这里在 Photoshop 中新建一个色相 / 饱和度调整图层。

[步骤 2]

    单击抓手工具，把鼠标指针移动到人物靠垫处并单击，此时发现抓手工具图标旁边的下拉菜单由之前的"全图"变为了"蓝色"，把"饱和度"滑块拖曳到 −40，此时的靠垫颜色恢复正常，但是天空也跟着变得色彩暗淡了。

[步骤 3]

选中色相 / 饱和度调整图层，单击图层面板下方的"蒙版"按钮添加一个白色蒙版，面板中的属性不用做任何调整。选择套索工具，大致选出靠垫以外的部分，如右图所示。

[步骤 4]

将前景色设置为黑色，并且按键盘的 Alt+Delete 组合键，此时天空和条幅恢复了当初的蓝色，而靠垫依旧为调整后的低饱和度状态。这是因为当前选择的是蒙版区域，在选区内填充为黑颜色表示在当前选区内，刚才调整的色相 / 饱和度的变化被完全遮盖住。蒙版控制着色相 / 饱和度的调整是显示还是不显示，黑色蒙版表示显示效果，白色蒙版表示不显示效果。按 Control+D 组合键取消选择，完成操作，调整前后对比图如下。

原图

最终效果

案例 61

〔步骤 1〕

大家还记得这张照片吗？前文中我们调整了饱和度，下面进入 Photoshop 中，再做些调整，让照片的风格马上转变。

〔步骤 2〕

在图层面板中选中"色相 / 饱和度 1"图层，在对话框中单击抓手工具，接下来把鼠标指针移动到树丛上并单击，然后把"色相"滑块移动到 −36，照片马上就变成了秋天的感觉。

〔步骤 3〕

为了不让照片显得突兀，适当地将"饱和度"降低到 −18，把"明度"适当降低到 −15，此时相对和谐的照片就出来了。

■ 12.3.4 学会使用
曲线全面、综合调整照片

利用曲线调整图层不仅可以把照片提亮、压暗、提高照片对比度，或者局部提亮、压暗，还可以分通道地去调整上述内容，多个通道的调整、组合，再配合上蒙版的应用，让曲线成为了Photoshop 调整图层中的王者。

案例 62：学会精确控制曲线调整对比度

〔步骤 1〕

在 Photoshop 中打开一张照片，新建一个曲线调整图层。通常情况下，通过曲线调整提高明度的方法就是简单地向上拖曳曲线，降低明度的方法就是简单地向下拖曳曲线，而提高对比度的方法就是把曲线的上部向上拖曳、下部向下拖曳（使曲线呈现 S 形），让照片的亮部更亮，暗部更暗。

但是这并不是重点，下面要介绍的是曲线中最常用的局部控制法——通过精准控制颜色范围来调整明暗程度。选中曲线调整图层以后，在曲线对话框中选择抓手工具，在照片的天空处向上拖曳，此时天空变亮。

［步骤3］

接下来在照片右侧远处蓝天处向下拖曳，让蓝天变暗，增强了天空的对比度。

［步骤4］

最后在草地处向下拖动鼠标指针，让地面暗下来。

通过精准控制照片局部的明暗，我们就调整好了照片。通过对比发现，照片的对比度更强，也更加通透了。

最终效果

原图

案例 63：控制不同通道来调整照片的色彩倾向

[步骤 1]

右图所示的这张照片不够明亮，整体色调偏冷。首先在 Photoshop 中打开这张照片。

[步骤 2]

新建一个曲线调整图层，适当抬高曲线，让照片整体变亮。

[步骤3]

在曲线对话框中，选择"蓝色"通道，单击抓手工具，点击照片中的黄色墙面并向下拖动，此时墙面整体变黄（变暖），降低了墙面部分的蓝色通道信息意味着增加了对应的补色黄色信息。这个调整类似于色彩平衡工具，与之不同的是曲线可以更精准地控制调整墙面的范围，而色彩平衡只能控制到阴影、高光、中间调这三大部分。

[步骤4]

选择曲线调整图层中的"红色"通道，单击抓手工具，点击照片中的红色窗框并向上拖动，此时窗框更红，整体照片的氛围也相应变得更加温暖。

简单的调整造成了色调的变化，曲线的魅力就是可以综合调整颜色、明暗程度，让照片通过这一个工具就能完成很大的改观。下面就是调整前后的对比图。

最终效果

原图

12.3.5 色彩平淡无味的照片如何调整

有时候照片色彩比较平淡，而只使用增加饱和度的方法达不到效果。本小节就给大家介绍一个新的小诀窍，通过简单的几步调整马上让照片生动起来。

案例 64

[步骤 1]

通常情况下，通过曲线提高明度的方法就是简单地向上拖曳曲线，降低明度的方法就是简单地向下拖曳曲线，而提高对比度的方法就是把曲线的上部向上、下部向下（使曲线呈现 S 形），让照片的亮部更亮、暗部更暗。下面介绍一个新诀窍：选中背景图层，然后按 Control+J 组合键复制背景图层（这是一个好习惯，任何调整、变化均不会破坏原始背景图层）。

[步骤 2]

按 Shift+Control+L 组合键（自动色调），会发现照片有了一个微妙的变化，对比度更明显，照片更透亮。

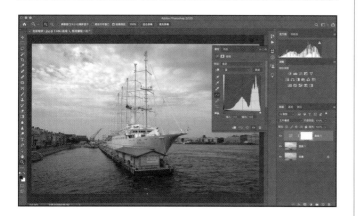

[步骤 3]

新建曲线调整图层，并且把曲线调整图层的叠加模式更改为"正片叠底"，此时对比度更明显了，效果更好了。

[步骤 4]

由于照片偏暗，选择"RGB"通道，将曲线向上拖动，让照片恢复一些亮度。

[步骤 5]

接下来选择"蓝色"通道，再次适当地拉高蓝色，让照片中的天空和海水变蓝。再次对比一下最开始平淡无奇的照片和简单几步修改后的照片，是不是效果很明显呢？

第 **13** 章

风光摄影后期

风光摄影题材的覆盖面非常广泛，有一般的山水自然，也有城市夜景等不同类型。本章当中，将针对风光摄影后期处理的一般规律技巧，以及一些常用的如全景接片等技巧进行详细讲解。

13.1
绝美风光片如何打造

很多绝美的风光照片其实都是瞬间的美，明暗感觉恰到好处并且光线、构图、曝光都很完美，再通过一定的后期处理，添加一些特殊的效果和文字就可以更好地突出风光本身的感觉。但是实际拍摄中，相机本身拍摄出来的效果并不能达到人眼看到的效果，所以就需要后期来处理一下，让画面尽可能贴近真实。

案例 65

[步骤 1]

首先打开原图，发现整体非常明亮。其实当时拍摄时天空并没有这么亮，但是为了将更多的细节表现出来，所以在曝光上增加了些，牺牲了一些亮部细节。

[步骤 2]

修改前先复制一层背景图层（快捷键 Control+J），这样就不会破坏原图，也方便后续的修改。接下来在菜单栏中选择"滤镜"—"Camera Raw 滤镜"，进入 ACR 中对照片进行修改和调整。

[步骤 3]

在基本面板中对整个画面的曝光进行调整，将大的明暗关系确定，此时照片整体感觉是偏暗的，但光感十足。

打开细节面板，分别调整"锐化""半径""细节""蒙版"，将照片锐化。

[步骤 5]

打开效果面板，设置"晕影"选项卡中的参数，将画面四周压暗，更好地突出梯田的光感。这个命令经常会用到，在风光和纪实人像的后期处理中都是用于更好地突出主体。尤其是"羽化值"，它主要控制整个画面晕影过渡的效果。

[步骤 6]

新建曲线调整图层，调整曲线，将整个画面再次压暗，更好地表现光感，尤其是不太明显的耶稣光。调暗后画面的整体效果就明显多了，但是梯田也跟着暗下来了，这就需要我们使用画笔工具进行调整。

选中图层面板中的曲线蒙版，选择画笔工具，将画笔颜色设置为黑色，选择曲线调整图层的蒙版位置，涂抹梯田上需要提亮的部分。

[步骤 7]

将所有图层合并到新的图层（快捷键 Control+Alt+Shift+E），然后选择工具栏中的裁切工具（快捷键 C）对整个画面进行裁切。

[步骤 8]

最后，选择工具栏中的文字工具（快捷键 T）给照片加上文字。文字的颜色应选择画面中有的颜色来搭配，字体也很重要，要符合整体的感觉。

龙脊梯田.晨曦

最终效果

原图

全景风光照片是超越大广角的一种接片照。很多时候为了得到壮观的风光照片，使用多张接片来表现。在全景拍摄中需要注意以下几点：固定的位置、稳固的三脚架、手动曝光、统一光线，每张照片都要确保有 1/3 以上的重叠，竖构图可以得到更大的画面，最后用到 Photoshop 来接片并调整。

13.2
如何打造全景风光大片

案例 66

[步骤 1]

拍摄前需要把相机固定在三脚架上，选择手动曝光，关掉镜头防抖功能，将相机反光板预升打开，如果是微单就不用了（这是因为微单没有反光板）。选择小光圈（f/8~f/16 比较合适），将对焦改为手动模式，对焦到无限远，选择全景照片的起点开始拍摄，每张照片要与前一张有 1/3 以上的重叠，将驱动模式改为定时拍摄（建议使用快门线）。照片的记录格式应该选择最大的原片格式拍摄，以便在后期处理时有更大的调整空间。

[步骤 2]

打开 Photoshop 软件，在菜单栏选择"文件"—"自动"—"Photomerge"，打开 Photomerge 对话框，将"使用"选择为文件或文件夹，然后选中准备好的接片文件，"版面"默认选择为"自动"即可，自动功能可以根据拍摄的照片自动选择最适合的一种"版面"来制作全景照片。如果运用自动功能做出来的效果不好，再采用其他方式即可（个人推荐使用自动模式，基本上很少出问题，当然这也和拍摄有很大的关系）。

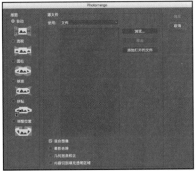

[步骤 3]

源文件面板下有"混合图像""晕影去除""几何扭曲校正""内容识别填充透明区域"这几个复选框，将其全部勾选，然后单击"确定"按钮。

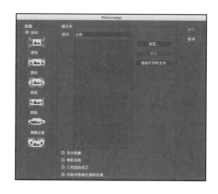

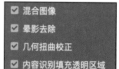

[步骤 4]

这样计算机就开始了自动合成，稍等一会儿最终合成的画面就做好了，整体感觉非常不错。接下来将所有图层合并（快捷键 Control+E），此时我们再对最终画面进行颜色的调整，如右图所示。

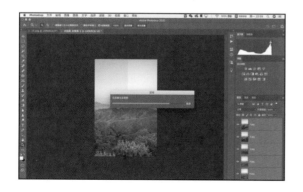

[步骤 5]

在工具栏中选择裁切工具，对画面多余的部分进行裁切，得到最终效果。

[步骤 6]

合适的锐化会让画面更加漂亮，在菜单栏中选择"滤镜"—"锐化"—"USM 锐化"，这样我们就完成了最后的合成。

最终效果

原图

接着我们再看看除了自动模式外，剩下的几种模式制作出来的效果如何。

透视模式

根据透视的原理合成，效果比较一般，这种方式更适用于近距离使用大广角镜头拍摄出来的照片。

圆柱模式

照片的效果是出来了，但是缺失的部分比较多，如城楼等关键部分都缺失了，因此这种方式更适合拍摄围绕在圆柱上的画或图案。

球面模式

这是专为拍摄 360° 全景照而设的，同时它会提供一种类似鱼眼的效果。使用这种模式得到的照片的细节比较完整，效果也不错。

拼贴模式

　　这个模式不会做出变形补偿，它只会旋转其中一两张照片，然后通过位置的重叠和相似位置的拼贴，硬生生地把它们合并起来。整体完成度很高，适合面积比较大的平面，使用多张照片进行拼贴。

调整位置

　　此模式不会做出任何补偿甚至旋转，在拍摄照片时需要计算得相当精确。如果照片没有出现任何变形的话，利用此模式可以合并出完美的全景照。

13.3 如何对夜景进行修饰

CCD 和 CMOS 感光元件都存在热稳定性的问题，也就是说成像的质量和温度有关。如果相机的温度升高，噪音信号过强，会在画面上不应该有的地方形成杂色的斑点，这些点就是我们所讲的噪点。噪点主要是在高感光度下的长时间曝光时出现，所以要想避免，最好用较低的感光度值（ISO），打开相机的降噪功能也会起到一定的作用。

■ 13.3.1 夜景噪点的处理

案例 67

[步骤 1]

右图所示这张照片中噪点太多，其拍摄时的参数是 ISO 6400、快门速度 1/15s。不难发现，高感光度是"罪魁祸首"，通过软件降噪后对比，发现效果还是很不错的。

［步骤 2］

将原始照片导入 ACR 中，观察整张照片，确实画质不是很好，尤其是放大后的效果。

［步骤 3］

打开细节面板，细节面板中有"锐化""减少杂色"和"杂色深度减低"三个子选项卡。这里我们主要介绍"减少杂色"选项卡，它的下面有两个小项目，分别是"细节"和"对比度"。在默认状态下这些滑块都在 0 的位置，在具体操作前先了解一下这几个命令的具体含义和作用。

减少杂色：减少杂色可以去除单色噪点，单色噪点往往是相机 ISO 感光度设置过高引起的。

细节：控制杂色阈值，适用于杂色照片。该值越高，保留的细节就越多，但产生的结果可能杂色较多；该值越低，产生的结果就更干净，但也会消除某些细节。

对比度：控制对比，适用于杂色照片。该值越高，保留的对比度就越高，但可能会产生杂色的花纹或色斑；该值越低，产生的结果就越平滑，但也可能使对比度降低。

杂色深度减低：减少彩色杂色。可以去除彩色噪点，彩色噪点往往处于被提亮的暗部区域。

细节：控制彩色杂色阈值。该值越高，边缘就能保持得更细、色彩细节更多，但可能会产生彩色颗粒；该值越低，越能消除色斑，但可能会产生颜色溢出。

［**步骤 4**］

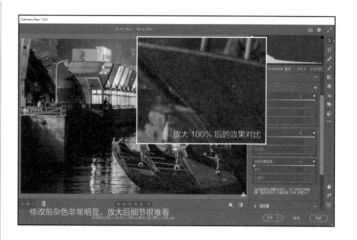

在减少杂色前，我们将画面放大到 100%，这样看起来效果才会比较明显。接下来调整杂色，将"减少杂色"调整到 37，"细节"调整到 4，"对比度"调整到 5。再看一下对比效果，整体画面细腻了好多，并且细节处的噪点都明显消失了。

"减少杂色"的数值越高，整个画面就会越像水彩画一样，失去了很多细节，噪点也消失了，但这并不是我们需要的。通常情况下，我会将"减少杂色"设置在 20 ～ 40，这样感觉比较真实。

通过调整"细节"，能够将降噪过程中损失的细节找回来，其数值越大，照片的细节也就越多。

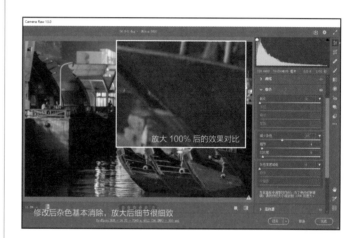

［**步骤 5**］

接下来将"杂色深度减低"调整到 53，"细节"调整到 50，"平滑度"调整到 50，难看的红绿噪点基本能够被消除。

修改后基本消除噪点

修改后

[步骤6]

　　最终，在 ACR 中通过简单的调整，一般的噪点基本都能被轻松搞定。其实，在前期拍摄时带上三脚架、快门线，用低感光度拍摄就没问题了。另外，降噪也不是万能的，很多时候用太高的 ISO 感光度拍摄的照片是没法处理的，所以前期拍摄时就应该注意这些细节。

最终效果

原图

■ 13.3.2 处理夜景中的曝光过度问题

案例 68

[步骤1]

在夜景拍摄中,因为长时间曝光,相机的测光系统基本起不到作用,更多的是靠摄影师自身的经验来判断。如何在后期中调整?下面来看右图所示这张夜景照片,照片中有局部曝光过度的问题,尤其是灯的位置,整体画面偏灰也需要通过后期的对比调整来控制曝光。

[步骤2]

虽然能看出来局部曝光过度,但是具体曝光过度范围没法确定。其实只需要单击右上角直方图中右侧的白色三角符号,画面中已经曝光过度的区域马上就呈现为红色,这样我们的调整就有依据了。

[步骤3]

这里将整体的"曝光值"调整到−1.4,"对比度"调整到+19,"高光"调整到−100,"阴影"调整到+100,"白色"调整到+41,"黑色"调整到−55,"清晰度"调整到+70,一般风光照片都比较适用。主要是要突出夜景中的主体并强化它,让暗的地方更暗。

［步骤 4］

此时放大局部观察，可以看到亮部曝光过度的区域都已经基本正常了。再次单击右侧的红色小三角观察画面，曝光过度的区域基本上都被调整回来了。

［步骤 5］

最后我们对比一下调整前后的效果，通过在 ACR 中基本的调整，一般能够解决大多数曝光过度问题。如果想在拍摄时就看出是否曝光过度，建议大家把相机中的"高光警告"设置打开，这样在拍摄时就可以清楚地发现是否曝光过度。

最终效果

原图

■ 13.3.3 提亮夜景中的暗部细节

夜景拍摄时，常常会因为曝光时间不够导致暗部细节缺失。如果使用 RAW 格式拍摄相对来说就会好很多；如果使用 JPEG 格式拍摄，则很多暗部细节就没法通过后期再现出来。所以还是那句话，拍摄时请使用最大的原片格式来记录照片。接下来通过下面这个实际例子来看看如何将夜景中的暗部细节提亮。

案例 69

[步骤 1]

打开右图所示照片，放大局部，发现整个暗部基本上没有细节，漆黑一团，其实在暗部有丰富的细节。因为这张照片是使用 RAW 格式记录的，我们可以通过后期在 Photoshop 中对局部提亮来解决细节缺失的问题。提亮暗部有很多方式，这里采用的是最简单的一种，即在 ACR 中使用局部调整画笔来调节。

[步骤 2]

选择画笔工具，通过键盘上的"["（放大）"]"（缩小）来控制笔刷大小，发现整个笔刷是由两个圆圈组成，外圈是羽化的范围，里圈是大小。调整到合适的大小后对画面上的暗部区域进行涂抹。这里有两种方法，一种是先涂抹区域再调整明暗，另一种是先调节基本的变化参数再涂抹暗部区域。这两种方法没有本质的区别，根据自己的习惯选择即可。

局部放大后的效果，暗部基本上看不到细节。其实，这也是经常遇到的问题，如果曝光时间太长，其他的地方就可能曝光过度，这样也不行，所以采用后期处理或者包围曝光的方式比较合适，这里我们主要通过画笔工具来调节。

[步骤 3]

下面设置基本参数，将"曝光"调整到 +0.6，"阴影"调整到 +32，"清晰度"调整到 +45，"锐化程度"调整到 +32，再对局部进行涂抹，可以看到暗部的细节基本上都出现了，层次也更加分明。

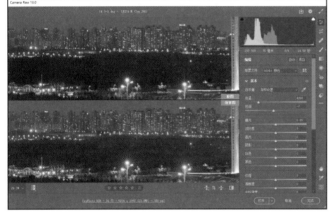

[步骤 4]

局部对比、暗部细节被精确地调整出来，并且在 ACR 中对原片的调整都是无损的，所有细节处都得到了最好的保留。建议大家在拍摄时尽量使用原始格式。

最终效果

原图

13.4 如何对山川进行修饰

在风光摄影中，经常会遇到天不够蓝，水不够清的时候。虽然看上去是很蓝的，可相机拍摄出来就完全没有蓝的感觉了，这是为什么呢？其实很多时候就是因为光比的原因。大光比下，画面亮部与暗部的差别太大，导致相机根本无法记录。有时遇到云层时，远处的山总是看起来很朦胧，需要通过后期处理来让它看起来更加清晰。

■13.4.1 如何处理云雾中的山川

案例 70

[步骤 1]

打开这张照片，我们发现天空不蓝，白云不白，整个画面有灰蒙蒙的感觉，这就是典型的不通透效果。接下来就需要对天空来进行处理，让它变蓝。

[步骤 2]

首先将照片导入到 ACR 中，对原始照片进行无损处理。在基本面板中将"对比度"调整到 +30，"高光"调整到 −100，"阴影"调整到 +25，"白色"调整到 −56，"黑色"调整到 −9，"清晰度"调整到 +60，"自然饱和度"调整到 +23，这样画面就有了基本的颜色，天空和远处的山也清楚了。

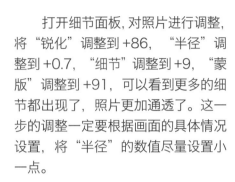

打开细节面板，对照片进行调整，将"锐化"调整到+86，"半径"调整到+0.7，"细节"调整到+9，"蒙版"调整到+91，可以看到更多的细节都出现了，照片更加通透了。这一步的调整一定要根据画面的具体情况设置，将"半径"的数值尽量设置小一点。

左图所示是将山体的局部放大100%后的效果对比图。其实两张照片的差别还是很大的，尤其是对比度上，所以从通透性来说还是对比明显的效果较好。

左图所示是将天空的局部放大100%后的效果对比图，差别还是很大的，去掉一些天空的雾感照片会更清楚。

[步骤 4]

"去除薄雾"是非常实用的一个功能，它通过特殊的算法将天空雾气去除，天变得蓝了，云朵的细节也更丰富了。这里将"数量"调整到 +43 效果就非常好了，再高的话就失真了。

[步骤 5]

将画面缩放到合适的大小观看，可以发现调整前后的差别非常大，天变得很蓝，山体也变得通透了。这就是为什么很多职业摄影师拍摄的照片都非常通透，而你拍摄的总是不够通透。

最终效果

原图

■ 13.4.2 给山川增加锐度

在风光照片中适当增加锐度会让画面中更多的细节得到呈现，层次也会更加分明，所以一般都会对山川照片增加锐度。这里我们先普及一下锐化的含义，锐化是提高画面景物边缘反差的操作。边缘交界处较暗的一侧将变得更暗，较亮的一侧则变得更亮。反差的强度由"数量"滑块控制，边缘调整的延伸范围由"半径"滑块控制。锐化时的关键点就是如何控制调整的程度与范围，使得画面既看上去清晰，又不会在景物边缘位置上形成难看的亮边。

案例 71

[步骤1]

打开原图，我们发现整张照片有点"肉"，需要一些力量感，通过简单的几步调整，画面的变化还是很明显的，细节处多了层次，这就是锐化得恰得好处的结果了。

[步骤2]

增加锐度主要是用到了USM锐化，单击"滤镜"－"锐化"－"USM锐化"，在弹出的对话框中设置参数如下："数量"为99%，"半径"为1.2像素，"阈值"为27像素，这其中最重要的就是数量值了。

[步骤 3]

接下来看看锐化完的效果。非常明显，无论是清晰程度还是山川的层次都得到很大的提升。这个步骤一般都是在调整完后的最后一步进行操作，这样可以让风光照片更加出彩，后期印刷时也更清楚。

最终效果

原图

拍摄日出和日落的最佳季节是春、秋两季。这两个季节比夏天的日出晚，日落早，对拍摄有利。在春、秋季节，云层较多，可增加拍摄的效果。日出前半小时和日落后半小时，是拍摄的黄金时间。在拍摄之前，一定要预先想好自己想要表现的效果，在日出之前就到达拍摄地点，选好自己的机位和合适的前景。后期处理时加强整个画面的对比，突出整体的影调效果就行了。

13.5
如何对日出日落进行修饰

■ 13.5.1 强调日落氛围的影调效果

案例 72

[步骤 1]

打开左图所示照片，先对比一下整体的感觉。左侧明显没有日落的氛围，阳光有些苍白无力；右侧是调整后的效果，整个氛围有了，对比色的加入让整体的影调更加和谐，尤其是这种剪影逆光效果。整体思路是先将天空颜色降下来，再将地面颜色调整到位，以后再将整体色调统一调整。

[步骤 2]

首先调整天空的颜色。在Photoshop 中打开这张照片，在左侧工具栏中选择矩形选框工具（快捷键 M），框选出天空部分。

［**步骤 3**］

创建一个曲线调整图层，在弹出的对话框中调整曲线，这样天空的效果就出现了。在降低了曝光度的情况下日落的氛围更加合适。

［**步骤 4**］

接下来要对前景的沙滩和水面进行调整。再次选择工具栏中的矩形选框工具（快捷键 M），选择如右图所示的范围。

［**步骤 5**］

新建一个可选颜色调整图层，在对话框中的"颜色"下拉列表中选择红色，并将"青色"调整为 -91%，"洋红"调整为 +8%，"黄色"调整为 +25%，"黑色"调整为 0%，这样整个画面颜色就协调很多了。

最后对整个画面进行调整。新建一个渐变映射调整图层，在编辑器中选择如左下图所示的颜色，也可以根据自己的喜好设置。这里我选择了从紫色到橙色的渐变，主要是为了烘托黄昏时的氛围。

最后将图层模式改为"柔光"，这样就完成了整个调色过程。这一步骤其实就是局部的调整，既有了渐变色的感觉而又很真实。并且这里建立的是渐变映射的调整图层，所有局部还可以通过蒙版图层来修改，非常方便。

[步骤 8]

最后对比一下调整前后的效果。不难发现，整个调整过程都是在模拟日落的效果，添加的颜色也是在往黄和红的效果调整。整体色调对了，日落的感觉也就真实了。

最终效果

原图

■ 13.5.2 突出日落时分的云彩

案例 73

［步骤 1］

左图所示这张照片就是日落时分拍摄的，但由于整体曝光不准确，完全看不出落日时的感觉，云彩层次也不分明。这里就需要先对整体的曝光进行调整，整体的色调和白平衡也需要调整。

［步骤 2］

首先将整体曝光降低，对白平衡重新调整，将"色温"调整到 +10，"色调"调整到 +7，"曝光"调整到 −2，"对比度"调整到 +24，"高光"调整到 −100，"阴影"调整到 +100，"白色"调整到 +38，"黑色"调整到 −21，"清晰度"调整到 +53，"自然饱和度"调整到 +19，日落时分的感觉就马上出现了，而且还很强烈。

［步骤 3］

湖泊平面有些倾斜，因此我们需要先校正一下。这里选择工具栏中的裁剪工具，然后点击拉直工具，在倾斜的湖平面拉出一条线，按 Enter 键确定，校正完毕。

[步骤 4]

选择工具栏中的渐变工具，在云层间做一个局部调整，将云层的层次调整出来。

[步骤 5]

具体调整参数设置如下：将"曝光"调整到 -0.05，"对比度"调整到 +42，"高光"调整到 -50，"清晰度"调整到 +34，"锐化程度"调整到 +24，这样整体云层的层次就分明了。

[步骤 6]

最后对比一下修改前后的效果，从修改后的照片可以感受到日落时分强烈的云层效果。

建筑摄影中有时灯光比较复杂，曝光难度较大，所以很多时候拍摄都会出现暗部曝光不足、很多细节不清楚等问题。本节将通过例子来看看后期是如何提亮的。透视变形其实在建筑摄影时经常会有，尤其是拍摄大型建筑物时使用广角甚至超广角镜头，让建筑物看起来上小下大，或者从高处往下拍摄的上大下小。本节将通过一个小实例来看看，如何通过后期轻松地将变形校正。

13.6
建筑摄影的后期修饰

■ 13.6.1 建筑摄影中的暗部提亮

案例 74

[步骤 1]

　　打开左图所示这张金碧辉煌的室内照片。因为要表现整个大场景，这里使用了大广角镜头拍摄，所以出现了一些局部变形，另外就是暗部需要提亮。

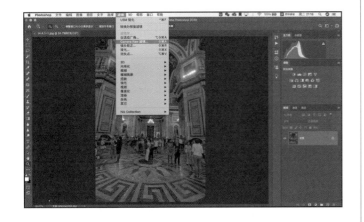

[步骤 2]

　　先进入到 ACR 滤镜，在菜单栏中选择"滤镜" － "Camera Raw 滤镜"。

〔**步骤 3**〕

在基础面板中单击"自动"命令，这时软件会根据照片信息自动调节。一般调整后的大基调都还是不错的，只需要稍加调整就可以使用了。

〔**步骤 4**〕

放大对局部进行细节调整，调整前后对比发现，暗部提亮后很多细节都出现了，也有一些曝光过度的区域需要局部调整，单击"确定"按钮，回到 Photoshop 中。

〔**步骤 5**〕

这时发现墙壁右侧的壁画在灯光下有些曝光过度，所以要将其调整回来。这里选择工具栏中的套索工具，将画面选中，然后新建一个曲线调整图层。

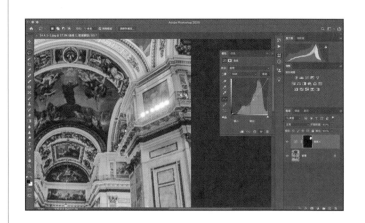

［步骤 6］

接下来通过调整曲线来调整合适的曝光，然后在对话框中单击蒙版图标，将"羽化"值设置为 7.4 像素，此时整体的曝光就好多了。暗部区域也通过同样的方式来调整即可。这里为什么要用到带有图层蒙版的调节方式呢？最根本的原因就是方便后续的调节，在蒙版中调节对原图是非破坏性的，所有的操作都可以修改。

最终效果

原图

13.6.2 透视变形的校正

案例 75

[步骤 1]

将拍摄的建筑照片打开后，我们发现画面上小下大，尤其是画面两侧更是非常明显。这就是明显的使用广角镜头拍摄的效果。另外，画面上还有几处多余的人物需要去除，天空不够通透，有些雾气需要去除，蓝天也不够蓝。

[步骤 2]

首先，将照片导入到 ACR 中，打开基本面板，设置正确的白平衡，稍稍提高色温值和色调值。白平衡是根据画面的具体情况来设置的，不同的白平衡效果完全不一样，大家不妨多试试，看看哪种感觉更好、更喜欢。

[步骤 3]

对画面颜色重新调整，将"对比度"调整到 +25，"高光"调整到 −77，"阴影"调整到 +45，"黑色"调整到 −32，"清晰度"调整到 +39，"自然饱和度"调整到 +8。这里要注意，风光片中清晰度的调整很重要，提高清晰度可以将照片的对比度拉高。

打开效果面板，将"去除薄雾"调整到+26，整个画面立刻变通透了，天空也蓝了很多。

接下来对整个画面进行变形校正。选择几何面板下的"A"（自动应用平衡透视校正，大多数情况下使用自动就可以校正变形），即可得到左下图所示效果，画面中上小下大的畸变被消除了。

［步骤 6］

将"缩放"调整到 +115，去掉两侧的透明区域（类似裁切，其实就是保留画面完整性，这里也可以采用修补的方式，可以得到更大的画面）。

［步骤 7］

完成在 ACR 中的调整后，单击"打开"按钮，进入到 Photoshop 中，按 Control+J 组合键复制图层。选择工具栏中的污点修复画笔工具对画面中的人物进行涂抹，很快就将其去除了。

增加通透感，什么是通透呢？简单点说就是看得远，看得清晰，这就是通透。那不通透呢？就是看不远，看起来模糊。那如何来调节呢？实际上在 ACR 中使用"去除薄雾"功能，稍稍调整这个参数值，就可提升画面通透度，或是相反，让画面变得更朦胧、柔和。另外，我们可以通过增加清晰度和锐度来更好地控制通透。

13.7
风光片
如何增加画面通透感

案例 76

[步骤 1]

打开原图不难发现，整个画面非常不清楚，这主要是海上的雾气造成的，导致画面失去了很多细节。现在就需要通过后期的方式来增加画面的通透感。

[步骤 2]

在 ACR 中打开原图，在基本面板中单击"自动"，此时软件会自动给出一个比较合适的调整结果，这也是我们需要的效果。接下来只需要细微地调整基本面板中的各项参数即可，这也是最节省时间的办法，尤其是在处理大批量照片时。

[步骤 3]

接下来将进入最让人激动的效果面板，第一个就是"去除薄雾"功能，将"数量"调整到 +30，神奇的事情马上就发生了，所有的雾气瞬间就没有了。相应地，将数量值往反方向调整时就变成了给画面添加薄雾的效果。

[步骤 4]

放大照片，对局部进行细节调整。右图所示是照片调整前后的对比图，在暗部提亮后，很多细节都出现了，也有一些曝光过度的区域需要局部调整。单击"确定"按钮，回到 Photoshop 中。

[步骤 5]

将画面放大到 100%，对比观察轮船的局部细节，会发现画面局部无比通透。该功能绝对是风光后期的利器。

最后，我们看一下完整的调修后的效果，整个画面变得非常通透。这也是我想告诉大家的，在学习软件的同时一定要有尝试新功能的想法。软件一定是新版的好，这是毋庸置疑的，新版软件的很多功能不仅会提升你的工作效率，而且会让你的后期思路有新的变化。

最终效果

原图

13.8
如何打造神秘的耶稣光

当一束光线透过胶体时，从入射光的垂直方向可以观察到胶体里出现的一条光亮的"通路"，就会形成"耶稣光"。这种现象称为丁达尔现象，也叫丁达尔效应（Tyndall effect）。

"耶稣光"即丁达尔效应的形成，是靠雾气或是大气中的灰尘，当太阳光照射下来投射在上面时，就可以明显看出光线的线条，加上太阳光是大面积的光线，所以投射下来的不会只是一点点，而是一整片的壮阔画面，这种画面为风景带来一种神圣的静谧感的光线，不知何时被命名为了耶稣光。在Photoshop中，通过轻松几步即可做出这样壮观的效果。

修改前　　　　　修改后

案例 77

[步骤 1]

打开原图，清晨的海面格外美丽，只是天空的云朵有些挡住了阳光。新建一个图层，取名为"耶稣光"，选择矩形选框工具，在画面中拖曳出一个合适大小的矩形区域并填充白色。这个矩形区域大小的设置跟你要表现的区域有关，应尽量和要制作的耶稣光大小相符合。

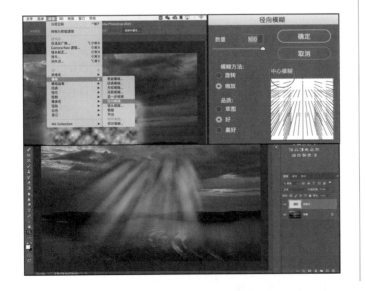

按住 Control 键并单击白色矩形所在图层的缩略图，调出带蚂蚁线的选区。然后在菜单栏中选择"滤镜"－"渲染"－"分层云彩"，这样就填充好了黑白灰的效果，这是随机生成的，将其调整至合适的大小即可。

[步骤 3]

接下来制作光线洒出来的效果。在菜单栏中选择"滤镜"－"模糊"－"径向模糊"，将"数量"设置为100，其数值设置得越大，效果越明显。将"模糊方法"改为缩放，"品质"改为好，将中心模糊位置拖动到画面中上方红圈的位置，单击"确定"按钮，这样就将光线制作好了。

[**步骤 4**]

直接出来的效果并不理想，位置和大小都有问题，所以我们要对这个图层进行变换，调整"耶稣光"的位置。执行"编辑"－"自由变换"命令（快捷键 Control+T），将光线的位置大小调整到云层漏光的下方。

[**步骤 5**]

位置调整好后，我们发现整个光线像贴在画面上，不真实，所以要将图层模式改为"滤色"，这样整体的氛围和感觉就对了。再次调整图层的透明度，以达到尽可能逼真的效果。

[**步骤 6**]

接下来将光线调整成金黄色。选中"耶稣光"图层，创建一个色相 / 饱和度调整图层，将"色相"调整到 34，"饱和度"调整到 55，"明度"调整到 -52，勾选"着色"复选框。

［步骤7］

　　最后再调整耶稣光的位置，得到最后的效果。为了方便观看最后的效果，可以设置图层的不透明度。

最终效果

原图

专题：
银河作品的后期思路全揭秘（堆栈降噪、银心强化与缩星）

图│文：郑志强

银河是广袤星空中最具表现力的拍摄对象，许多肉眼可见的大量发射及反射星云，让银河呈现出迷人的色彩与纹理结构。除自身表现力之外，银河还承载了我国神话传说中的牛郎、织女的故事，具有神话色彩。

这里我们介绍利用堆栈的方式，进行银河后期处理的技巧。这种技巧相对来说比较复杂，但是功能非常强大，是当前比较流行的不借助于赤道仪，不借助于超大光圈定焦镜头，进行银河创作所必不可少的一种后期方式。

如果我们使用 16-35 f/2.8、14-24 f/2.8 等镜头拍摄银河，那么这种堆栈银河后期的方式是必不可少的。这样才能得到比较理想的银河画面。

我们来看原始照片，这是在川西的年宝玉则所拍摄的一张银河的照片。可以看到原始照片亮度非常低。那么后续经过后期处理，可以看到亮度变高，但是噪点没有增加，画面非常细腻。

原图

效果图

之所以有这种效果，是因为我们进行了大幅度的堆栈，后期才能得到如此细腻的画质。下面来看具体的处理过程。将拍摄过的原始素材全部选中，拖入 Photoshop。那么这些原始的素材，就会同时在 ACR 当中打开。从右下方的直方图面板当中，可以看到拍摄所用的参数，光圈为 f/2.8，曝光时间 25 秒，

感光度 ISO1600。前期为了降低噪点，设定了较低的感光度，这样长时间曝光之后，画面当中虽然明显的噪点不多，但是一旦我们进行提亮，噪点就会大量出现。这与我们使用更高的感光度，有更高的画面明亮度并没有太大差别。

接下来我们进行后续的处理。首先在左侧的胶片窗格中全选所有打开的素材。

再用切换的镜头校正面板，勾选"删除色差"与"镜头配置文件校正"两个复选项，然后将扭曲度降到最低，即不对画面进行几何畸变的调整，只修复了暗角以及色差。并且为了避免四周过亮，我们还稍微恢复了晕影的值，这样可以避免四周的暗角校正量过度。

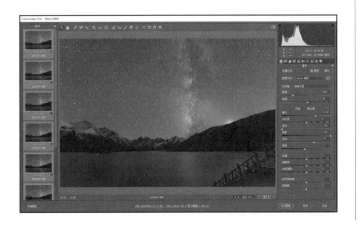

回到基本面板提高曝光值，提高阴影的值，提高白色的值，降低高光的值。画面呈现出了更多的细节层次，变得更加明亮。

但与此同时，提亮之后暗部会产生大量的噪点，甚至伪色。比如说画面的右下角，可以看到色彩变为了洋红色。这时根据我们之前所介绍的降低色温值，让画面显得更加冷清。这些调整完成之后，单击"完成"按钮，就完成了照片的原始处理。

因为之前我们已经选定了所有照片进行后期处理，所以说照片被进行了批量的处理。我们如果打开某一张照片进行观察，可以看到噪点是非常严重的。打开存放照片的文件夹，可以看到原始素材一侧都有扩展名为 .xmp 的记录文件，它记录了我们对每张照片的后期处理。

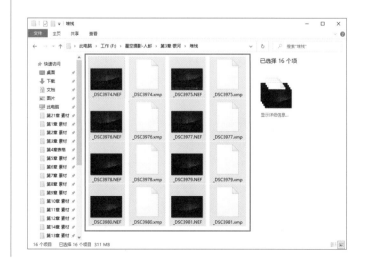

首先将这些原始素材保存在一个单独的文件夹当中，不要与其他混在一起。

接下来我们就需要借助于一款单独的软件进行降噪处理。因为如果在 Photoshop 当中借助于平均值或中间值等方式进行堆栈降噪，那么地景虽然得到了比较理想的降噪效果，天空则不会，天空的星点无法对齐，会变为星轨的形状。

所以说当前要对天空与地景同时进行降噪，Kandao Raw+ 是非常理想的软件，并且这款软件是免费的。如果使用其他软件，一个是无法同时对天空和地景进行降噪，另外很多软件还是收费的。

打开 Kandao Raw+ 软件，然后单击左上角的"添加"按钮，找到我们存储的之前进行过批处理的原始素材，全选之后单击"打开"按钮。这样，我们就将进行过批量处理的原始素材全部载入到了 Kandao Raw+ 软件当中。

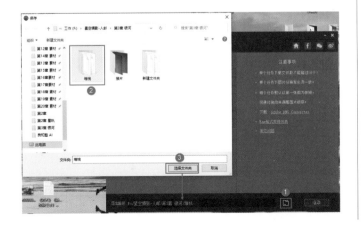

接下来在软件底部单击导出路径右侧的文件夹图标，这样可以打开导出文件的位置及将堆栈处理过后的软件文件保存在哪个位置。这里我们选择一个保存位置。

设定好之后单击"渲染"按钮，软件就开始运行。

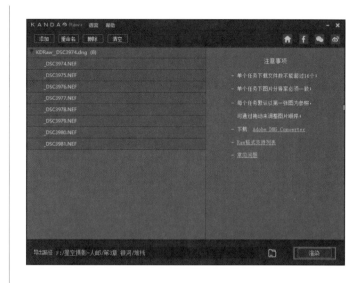

Kandao Raw+ 完成对我们拍摄的原始素材进行堆栈降噪处理之后，单击 Kandao Raw+ 软件中间的"返回"按钮，然后再将软件关闭。

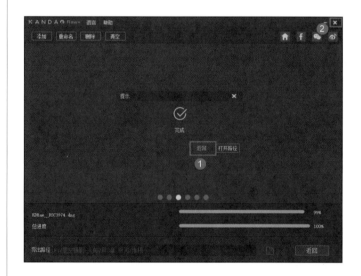

此时在保存文件夹当中，可以看到一个扩展名为 .dng 的原始文件，这就是降噪之后的文件。其实这也是一种 Raw 文件格式，dng 是 Adobe 公司开发的 Raw 格式原始文件。不同相机厂商都有自己的 Raw 格式文件，佳能的 Raw 格式文件为 CR2、CR3，尼康为 NEF，索尼为 ARW。如此多的 Raw 格式形式，是不利于后期的形式统一的。因此 Adobe 公司推出了一种自己的 Raw 格式文件，该公司想与佳能、尼康等相机厂商进行协商，统一 Raw 格式的标准，但由于相机厂商并不认同，所以说就出现了当前的情况。前期拍摄有自己的 Raw 格式，那么后期处理同样也有自己 Raw 格式，即 Adobe 公司开发的 dng 格式。

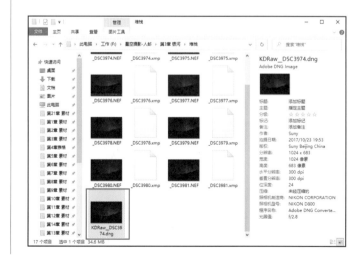

将这种 dng 格式文件拖入到 Photoshop 中，文件会自动在 ACR 当中打开。

此时放大照片可以看到，天空中的噪点几乎被消除掉了，地面也得到了很好的降噪效果。

此时我们就可以对画面再次进行影调与色彩的微调。然后再进入镜头校正面板，通过拖动扭曲度以及晕影参数，协调画面四周的暗角和几何畸变。

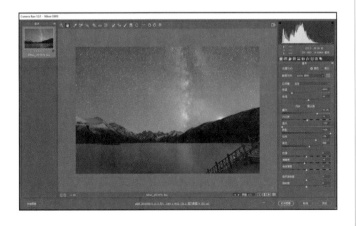

最后再回到基本面板，在整体上协调影调与色彩参数，让画面整体看起来细节丰富、色彩准确。对于画面右下角偏洋红偏紫的部分，以及左下角的失真问题，我们可以选择渐变滤镜，降低色调的值，可以看到这相当于降低了洋红色。

然后在画面的右下角或左下角创建渐变，对偏紫色的问题进行校正，校正过后画面伪色消失。然后单击"打开图像"按钮，这样可以将照片在 Photoshop 当中打开。

按照之前所介绍的方法，进入 Color Effects pro 4 滤镜。在其中我们可以使用特定的滤镜对银心进行强化。本例中可以使用详细提取滤镜，然后选择一种比较理想的方式。这里我们选择了第二种，即强烈大型详细这种样式。

在右侧面板当中，选择带加号的控制点，然后在银心部分创建多个控制点，对于银心进行强化。

强化之后，拖动上方的参数，优化强化效果。之后单击"确定"按钮返回。这样我们就完成了对银心的强化。

此时观察整个画面，天空部分比较理想，但地面部分色彩仍然比较杂乱，有些位置伪色比较多。那么这时我们可以再选择"快速选择"工具，设定不同的运算方式，将地景快速选择出来。

创建色相/饱和度调整图层，在打开的面板中选择"抓手"工具。

然后将鼠标指针移动到一些伪色上，单击箭头向左拖动，降低这些伪色的饱和度。在不同的纬线上拖动降低其饱和度之后，地景会显得更加纯净、干净，这样画面整体的调整完成。

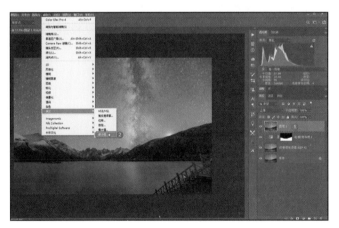

接下来我们进行缩星处理。创建一个盖印图层出来，然后在菜单栏选择"滤镜"—"其他"—"最小值"命令。

打开最小值面板，将半径值设定为1，然后单击"确定"按钮。

经过缩星，可以看到天空变得更加干净，银河的纹理更加清晰。为了避免缩星效果显得不够自然，我们再次为上方的盖印图层创建一个图层蒙版，然后适当降低蒙版的不透明度，这样就确保缩星效果更加理想，而又比较自然。

之前已经介绍过，缩星时，只需要对天空进行缩星即可，而不需要对地景进行缩星。那么此时我们可以再次将地景载入选区，然后将前景色设为黑色，按住 Alt+Delete 组合键，为蒙版的地景部分填充黑色，这样相当于遮挡了缩星效果，就露出了缩星的地景，确保只有天空部分进行了缩星。

再次盖印一个图层出来。

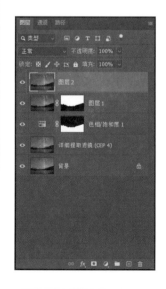

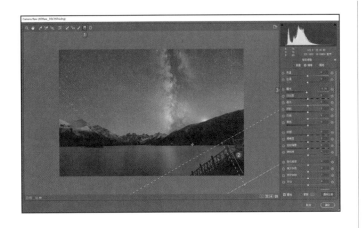

然后按 Control+Shift+A 组合键。进入 Camera Raw 滤镜，对于四周有些部分被提的过亮这一问题，我们选择"渐变滤镜"，设定降低0.2 的曝光值，曝光值设定降低的越小越好。

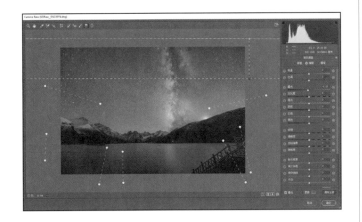

然后在四周由外向内创建渐变，压暗四周原本应该比较暗的部分。在画面的四周经过多次拖拉，这样就会压暗照片的四周。这与制作暗角有异曲同工之处，但是通过这种形式拖拉出的暗角，因为没有具体的规律，所以整体上来说会显得更加真实自然。

最后单击"确定"按钮，返回 Photoshop 主界面。可以看到经过压暗四周之后，观者的注意力就会进一步被集中在中间的银河上，画面整体的影像会显得更加丰富自然。

进入 Photoshop 之后再次进入 Define 2 降噪滤镜，对画面进行降噪，然后单击"确定"按钮返回。至此，完成了照片的所有后期处理，再将照片保存就可以了。

第 **14** 章

人像摄影后期

　　说到人像的修饰我想大家早已不陌生，而五官的修饰更是人像修饰中的精髓，比如如何快速变大眼睛，如何让眼睛更加有神韵，如何修出让人羡慕的高鼻梁、完美的嘴型以及美白的牙齿，等等。那么在 Photoshop 中该使用哪些工具来精修五官呢？我通常会打开摄影模块，在这个模块下有我常用的修饰工具。

14.1
五官精修

关于人像修饰我想大家有些了解，而五官的修饰更是人像修饰中的精髓。如何快速变大眼睛，这可是小眼睛朋友的福音啊！如何让眼睛更加有神韵，眉毛的修饰、让人羡慕的高鼻梁，完美嘴型以及美白的牙齿。学会这些技法后你会发现真的不一样了，不仅能把人像修饰完美，很大程度上自身的审美水平也有很大的提高。在 Photoshop 中我们该使用哪些工具来精修五官呢？我通常会打开摄影模块，在这个模块下有我常用的修饰工具。

■ 14.1.1 变大眼睛

案例 78

[步骤 1]

打开人像照片，我们先看一下女孩的眼睛，的确有点小，稍微加大一点整个感觉就完全不同了。这里我们会用到 Photoshop 中非常常用的一款滤镜——"液化"，轻松几步就可以让女孩的眼睛变大，即使想变成《阿凡达》里的角色也没有问题！

[步骤 2]

单击 Photoshop 菜单栏中的"滤镜"选项，在下拉菜单中选择"液化"(快捷键 Shift+Control+X)，在左侧的工具栏中选择"膨胀工具"（快捷键 B），然后通过右侧画笔工具选项调整画笔大小，也可以通过键盘上的"["
"]"键控制笔画的大小，或者直接拖动"大小"滑块控制大小，压力的设置范围为 1～100，用于控制效果的明显程度。我们现在设置画笔"大小"为 400，正好比眼睛大一点，然后单击鼠标左键，眼睛马上被放大。将两个眼睛对称起来调整即可。

[步骤 3]

如果不经意间调过了，选择工具栏中的重建工具（快捷键 R），在调过的部位单击几下即可消除刚才膨胀的操作，接下来再用膨胀工具重新绘制即可。

[步骤 4]

调整完后单击右侧的"确定"按钮，最终完成眼睛变大的效果。操作非常简单。值得注意的是，在调节人物五官时一定要小幅度地进行修改，修得幅度过大就不像本人了，这样就违背修图的原则了。建议用鼠标单击3～5次，这样膨胀的大小是一样的。

修改后

修改前

14.1.2 添加美瞳效果

案例 79

〔步骤 1〕

如果想增加人物眼睛细节，仅靠简单的锐化是不行的，可以考虑通过简单的移花接木的办法为人物增加一个美瞳，既丰富了细节又增添了趣味。

〔步骤 2〕

首先需要一张美瞳的素材，如右图所示。

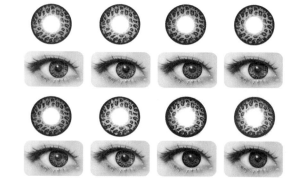

〔步骤 3〕

将素材照片拖入到任务照片中，将蓝色美瞳放置在眼睛的上层，单击工具栏中的圆形选区工具，将蓝色美瞳选中，此时出现了蚂蚁线。

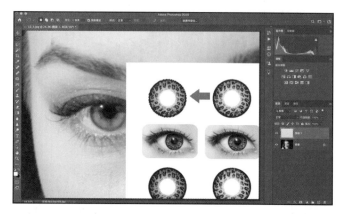

〔步骤 4〕

按 Control + J 组合键复制选区中的内容，此时关掉素材图层中的小眼睛，复制出来的美瞳素材就出现了。

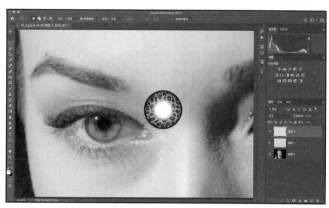

［步骤 5］

调整美瞳大小并将其放置在合适的位置，选择"编辑"－"自由变换"（快捷键 Control+T），将蓝色瞳孔素材与眼睛对准，并适当调整大小，如左图所示。

［步骤 6］

将图层模式改为"正片叠底"，此时蓝色美瞳就很好地和眼球融合在一起了。

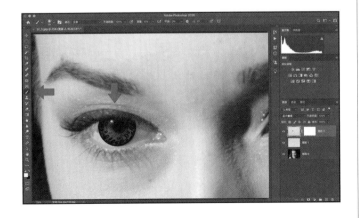

［步骤 7］

美瞳应该包含在眼睑里，所以我们要将多余的部分擦除。在素材图层中新建蒙版，单击工具栏中的画笔工具，选择"黑色"（在蒙版图层中黑色代表遮挡，白色代表透明，灰色代表半透明），将多余的部分擦除。

[步骤 8]

　　将蓝色美瞳所在图层的"不透明度"更改为 70%，现在看起来就很自然了。

[步骤 9]

　　单击"选择移动工具"（快捷键 V）选择蓝色的美瞳图层，按住 Alt 键并拖动该图层复制出一个新的图层，用于左侧眼睛，将其移动到合适的位置上，这样就完成了整个美瞳效果。

[步骤 10]

　　添加美瞳后的最终效果如右图所示。对比之前的照片，我们为人物增加了一个美瞳的效果。

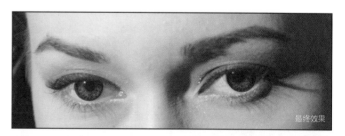

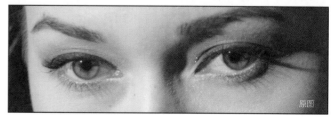

眼中血丝
不容忽视

■ 14.1.3 消除红血丝

案例 80

[步骤 1]

打开照片，我们会发现人物的眼白上布满了血丝，如果没休息好或者是眼睛经过揉搓后都会出现这种情况。这样会影响照片的美感，尤其是面部特写照片，眼睛更是需要重点表现的区域。这时需要通过"污点修复画笔工具"进行消除。

[步骤 2]

新建图层，选择污点修复画笔工具，勾选"对所有图层取样"复选框，画笔大小一定要调小，适当大于血丝即可，然后进行涂抹，逐渐把血丝一步步擦涂掉，如左图所示。

[步骤 3]

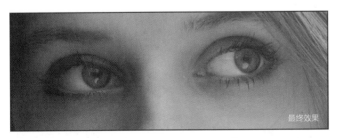

最终效果

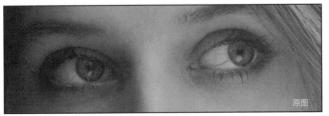

原图

在擦涂过程中一定要有耐心，尽量用最小的画笔，逐一涂抹血丝部分。最终效果如左图所示。

14.1.4 增长睫毛

长睫毛是美女们的最爱，本小节就来教大家如何使用 Photoshop 快速打造出长睫毛或者将自己不满意的睫毛增长。

案例 81

[步骤 1]

新建图层，选择钢笔工具，单击第一个点为起始点，单击第二个点为终点，如右图所示。

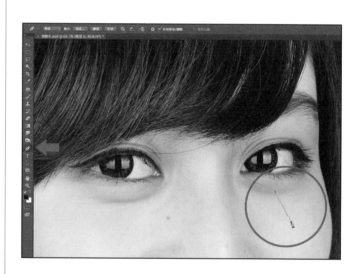

[步骤 2]

在路径中把钢笔移动到居中的位置，此时钢笔的光标为加号，单击鼠标左键增加锚点。按住 Control（Windows 系统）键或 Command 键（Mac 系统）的同时，用鼠标拖曳增加的锚点，把路径拖曳成一条弧线，如右图所示。可以适当地调整钢笔的锚点，让弧线模拟出一根睫毛的效果。

注意：此时建议绘制一条较长的路径来模拟睫毛的效果，然后缩小即可，不建议绘制路径的时候直接绘制很小的睫毛，这样会不容易选择和修改。

[步骤 3]

选择画笔工具，单击"切换画笔面板"按钮。在画笔预设中选择两头尖中间粗的形状的画笔，如左图所示。

[步骤 4]

调整适中的画笔大小，选择钢笔工具，选中睫毛的路径，单击鼠标右键，在弹出的快捷菜单中选择"描边路径"。在弹出的对话框中选择画笔工具，勾选"模拟压力"复选框，如左图所示。单击"确定"按钮，此时看到一条模拟好的睫毛就完成了。

[步骤 5]

把睫毛移动到合适的位置，按Control ＋ T 组合键，拖曳选框的拐角，调整睫毛大小，适当地移动、旋转睫毛，如左图所示。为了达到更微妙的效果，可以把睫毛图层的不透明度调整到 90%。

[**步骤 6**]

复制睫毛图层，继续旋转、缩放、移动到合适的位置。以此类推，绘制多根睫毛，最终效果如右图所示。

以上就是绘制睫毛的方法，方法很简单。值得一提的是，并不是所有人、所有照片和角度都适合加睫毛，一定要根据实际情况来决定。

最终效果

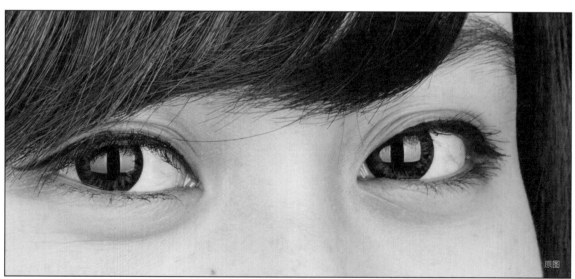

原图

眉毛过于锐利

■ 14.1.5 改变眉形

爱美之心，人皆有之。长得好不好看主要取决于五官的比例关系和搭配，而眉毛又起到丰富表情的作用，这里我们就通过 Photoshop 调整眉形来改变整体形象。我一般比较喜欢使用液化工具组或自由变化工具来调整局部形状。

案例 82

〔步骤 1〕

首先打开照片，复制一个背景图层（快捷键 Control+J）。

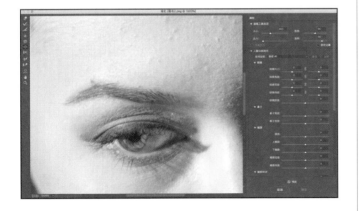

〔步骤 2〕

选择菜单栏中的"滤镜"－"液化"，放大图像到眉毛位置。

[步骤 3]

液化工具面板左侧的"工具栏"中有冻结蒙版工具（快捷键 F）和解冻蒙版工具（快捷键 D）。使用冻结蒙版工具（快捷键 F）将眉毛周边不需要修改的位置冻结起来，这样可以防止因为调整眉毛的形体而破坏周围面部特征。

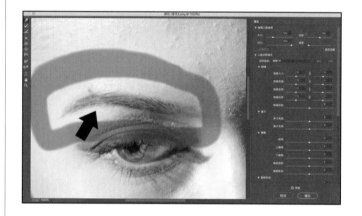

[步骤 4]

观察眉毛，发现其过于"刚硬"，所以我们需要使用液化工具中的向前变形工具把眉毛调顺。具体的做法是，适当调整画笔大小，略大于眉毛宽度即可，在眉毛转折过于僵硬的周围轻轻单击鼠标推移，直到达到满意的造型为止。

单击"确定"按钮后完成调整，最终效果如右图所示。我们既调整了眉毛的造型，又没有破坏眉毛周边其他部分的特征。

嘴唇缺少立体感

14.1.6

让嘴唇水润光泽

在电视中、广告中我们经常会看到水润的嘴唇，而左图所示照片中人物的嘴唇效果却略微干涩。下面就教大家如何快速地制作水润性感的嘴唇效果。

案例 83

[步骤 1]

新建图层，选择画笔工具，注意调整画笔的"硬度"为 0%，前景色为白色，在嘴唇的高光处轻轻擦涂。

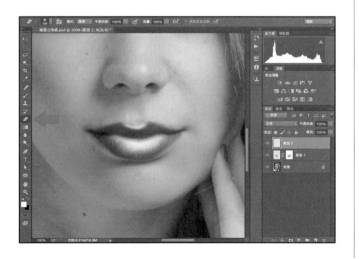

[步骤 2]

使用橡皮工具适当地修缮边缘部分，让高光完美地与嘴唇形体贴合。

〔**步骤 3**〕

将白色图层调整为"柔光"模式，可以看到嘴唇的高光部分马上很柔和地呈现出来了。

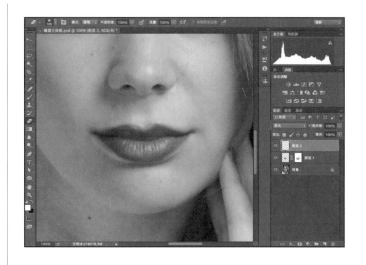

〔**步骤 4**〕

用同样的办法再新建图层，选择画笔工具，注意画笔的硬度为 0%，前景色为黑色，在嘴唇阴影处擦涂。

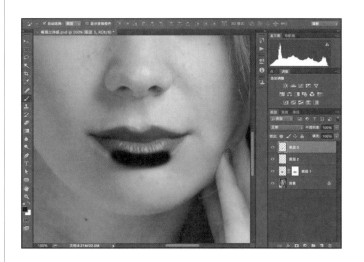

〔**步骤 5**〕

使用橡皮工具适当地调修边缘部分，让阴影完美地与嘴唇贴合。

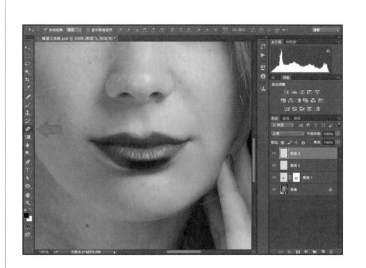

将黑色图层调整为"柔光"模式，可以看到嘴唇的阴影部分马上很柔和地呈现出来了。对比前后效果，可以发现整个嘴唇变得立体、莹润多了。

最终效果

原图

14.1.7 美白牙齿

在修饰人像的时候容易忽略牙齿这个细节，往往由于光源或人物自身的原因，牙齿很难做到洁白无瑕。下面将为大家介绍如何使用后期的工具对牙齿进行美白，具体操作很简单。

案例 84

〔步骤 1〕

复制背景图层，选择海绵工具，将"流量"提高到 100%，"模式"调整为去色，如右图所示。

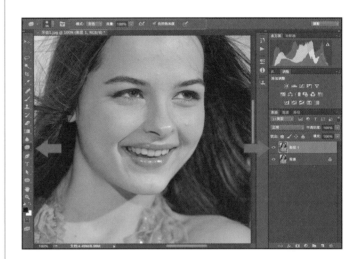

〔步骤 2〕

适当地涂抹牙齿，如右图所示。

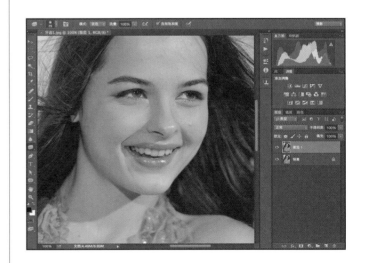

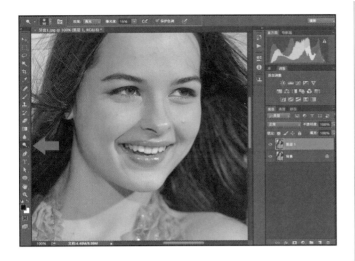

选择减淡工具，将"模式"调整为高光，"曝光度"调整为 15%，再次涂抹人物的牙齿部分。

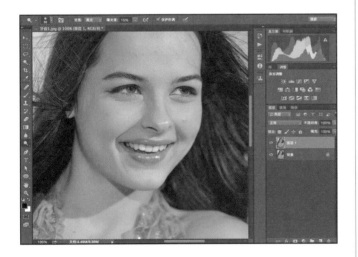

〔**步骤 4**〕

完成了牙齿的美白，如左图所示。用这种方法美白牙齿的好处是得到的效果比较自然。

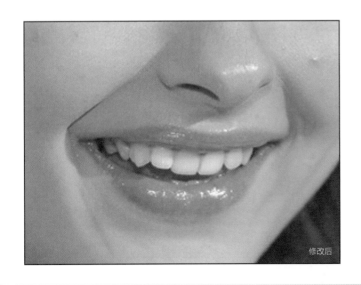

修改后

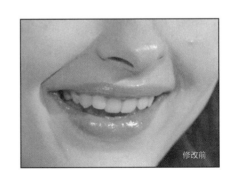

修改前

14.2
解决皮肤问题，
打造完美质感

面部皮肤是体现人像质感的关键因素，本节重点介绍如何解决各种皮肤问题，为制作高品质人像铺平道路。

■ 14.2.1 快速解决
青春痘和瘊子等面部斑点

说到皮肤问题，最常见的就是各种青春痘和面部疤痕等问题。我们特意找到了一张面部问题非常多的人像照片，看起来很麻烦不好处理，其实利用污点修复画笔工具就可以完成绝大多数的工作了。具体操作如下。

案例 85

[步骤 1]

新建图层，选择污点修复画笔工具，勾选"对所有图层取样"复选框，把画笔大小调整到比青春痘略大即可。

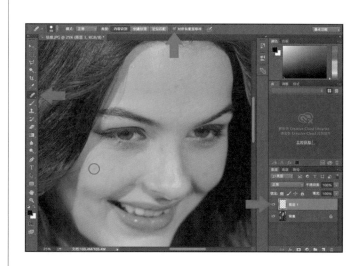

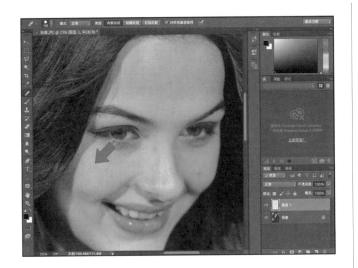

用鼠标左键单击青春痘部分，松开鼠标左键立即发现青春痘不见了。接着，用同样的方法去除面部所有的青春痘以及其他面部缺陷。

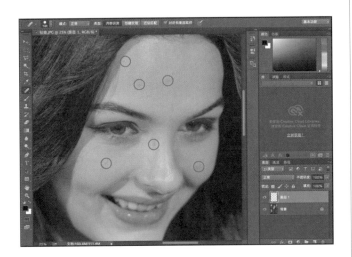

［步骤 3］

遇到比较大的青春痘，可适当放大画笔，再次用鼠标左键单击青春痘。

修改后

修改前

■ 14.2.2 如何去除面部皱纹

去除皱纹使用的工具是修复画笔
工具。因为皱纹多为较长、较深的痕
迹，所以处理的时候不能一次性去除
干净，还需要一个后期调整的空间，
下面就来介绍具体方法。

案例 86

〔步骤 1〕

新建图层，选择修复画笔工具，
在样本中选择所有图层。适当地缩放
画笔大小，保证画笔直径略大于皱纹
的宽度。在面部的另一块皮肤中按住
Alt 键的同时单击鼠标左键，这样就
取样了一块皮肤的材质。

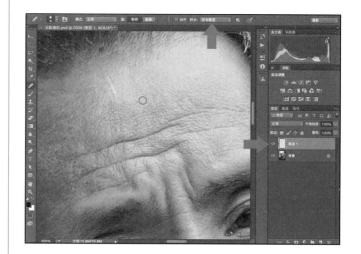

〔步骤 2〕

单击鼠标左键，在需要去除的皱
纹上拖曳。拖曳完毕后，松开鼠标左
键，此时可以看到皱纹消失了。

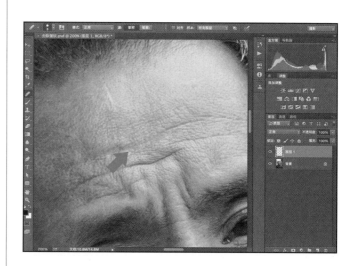

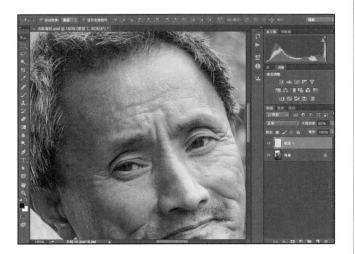

依次用与步骤 2 同样的方法擦除面部的其他皱纹。擦除的时候不要着急，一次擦除不了，可以分若干次擦除。

把去除皱纹的图层的不透明度降低到 50% 左右，不让皱纹过于突兀地消失即可，具体不透明度数值的多少视情况而定。

最终调整后的效果如左下图所示，对比前后变化可以看到，既去除了皱纹，又不会过于生硬，适当留有空间。这里，让皱纹若有似无才是关键的技巧。

修改后

修改前

■ 14.2.3 如何去除眼袋

相较于皱纹和青春痘，眼袋是更大的问题，因其面积较大，不能简单地使用污点修复画笔或修复画笔工具来处理。使用修补工具则可以很好地解决这个问题，具体操作如下。

案例 87

［步骤 1］

复制背景图层，使用套索工具勾选眼袋周边的选区，如右图所示。

［步骤 2］

单击鼠标右键，在弹出的快捷菜单中选择"羽化"，在弹出的对话框中输入 5。

[步骤 3]

选择修补工具，将鼠标指针移到选区内部，然后单击鼠标左键，拖曳内部的眼袋部分到面部的另一个区域。

[步骤 4]

松开鼠标左键后眼袋消失，按 Control + D 组合键取消选择。然后用同样的方法去除另一个眼袋。

[步骤 5]

把图层"不透明度"降低到80%左右即可。

[步骤 6]

在使用修补工具之前，提前羽化
一下选区是一个明智的选择，这会让
皮肤边缘过渡得更加柔和。

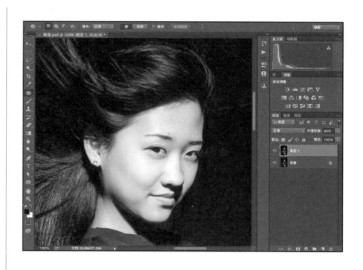

原图

最终效果

■14.2.4 纠正蜡黄的皮肤，让肤色重回白嫩

如左图所示，小朋友面部的颜色明显偏黄、偏暗，不透亮，这样的肌肤颜色是需要纠正的，但又不能简简单单地改变皮肤颜色，因为皮肤是很敏感的，颜色稍微有变化会马上影响效果。必须极为轻微地微调，去除黄色，并且提亮肤色才行。下面是具体的操作步骤。

案例 88

[步骤1]

首先使用快速选择工具，大致选择出主体人物皮肤，包括头部和手。大致选择即可，不用十分准确。

[步骤2]

在选区存在的同时，新建可选颜色调整图层，此时图层面板中增加了调整图层的同时，相应配合了一个蒙版。这样做的目的是让操作只应用到刚刚选择的人物皮肤部分，而其他部分则不受影响。

〔**步骤 3**〕

在可选颜色对话框中, 在"颜色"
的下拉列表中选择"黄色", 然后把
下面的"黄色"滑块移动到 –73%,
此时发现人物面部大部分的黄色信息
被去除了。

〔**步骤 4**〕

单击"蒙版"按钮, 将"羽化"
调整到 40 像素, 这样做的目的是让
刚才的调整边缘柔和, 过渡不生硬。

〔**步骤 5**〕

新建曲线调整图层, 用鼠标左键
单击选取颜色调整图层的蒙版, 然后
按住 Alt 键, 将选取颜色调整图层的
蒙版拖曳到曲线调整图层的蒙版上,
此时弹出对话框: 要替换图层蒙版
吗? 单击"是"按钮。这样就把选取
颜色调整图层的蒙版复制到了曲线调
整图层的蒙版中。

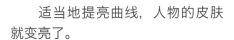

　　适当地提亮曲线，人物的皮肤就变亮了。

　　前后效果对比如下图所示，这里使用两个工具完成了人物皮肤的颜色调整。

原图

最终效果

■ 14.2.5 如何快速地磨皮

如果您不追求极致的皮肤质感，只是需要快速简单地完成磨皮工作，那么可以考虑本小节介绍的教程；如果您需要精致的磨皮效果，不在乎多花时间处理皮肤，那么请看下一小节中双曲线磨皮方法的案例。下面介绍给大家的是快速、通用的磨皮方法。

案例 89

［步骤 1］

复制背景图层，也可以是盖印图层，因为有时候在磨皮之前会做一些基础的调修，如果是这种情况可以按 Alt ＋ Shift ＋ Control ＋ E 组合键盖印图层。

［步骤 2］

选择"滤镜"—"转换为智能滤镜"，这样做的好处是可以反复修改滤镜中的数值。

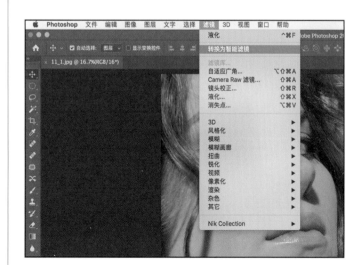

选择"滤镜"—"模糊"—"表面模糊"，表面模糊的好处是可以保留图像的边缘部分。半径是指选定模糊取样区域的大小，阈值控制的是相邻像素色调值与中心像素值相差多大时才能成为模糊的一部分。色调值差小于阈值的像素会被排除在模糊之外。

注意：对这两个定义还有含糊的地方，我可以告诉大家一个经验值。在多数情况下，半径依照实际需要来调整大小，阈值控制在10以内，5左右即可。不建议设置太高的阈值，因为会严重影响图像的成像质量。虽然需要磨皮，但是磨皮时不能完全让照片变得模糊，过分的模糊是不推荐的。

选择智能滤镜的蒙版，填充为黑颜色。

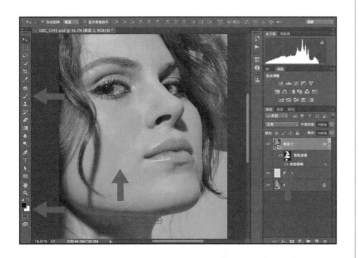

选择画笔工具，单击鼠标右键，在弹出的快捷菜单中将画笔"硬度"调整为0，前景色为白色。在蒙版被选中的同时，适当调整画笔大小，适当涂抹面部即可，如左图所示。

[步骤6]

最终效果如右图所示。

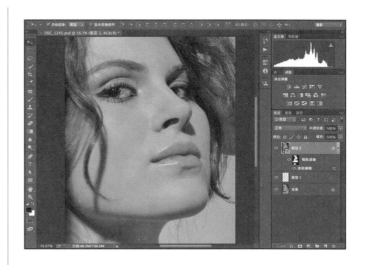

最终效果

原图

注意：不用特意地准确选择出人物面部，然后磨皮，只需要使用表面模糊以后，通过智能滤镜的蒙版用柔边画笔擦出想要磨皮的部分即可，这样既方便又快捷。

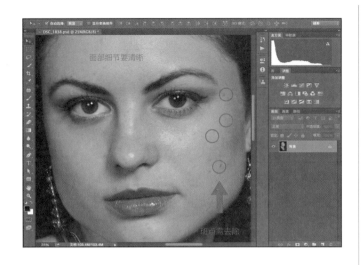

■ 14.2.6 如何精确地磨皮

　　一定要清晰的大图，这样面部纹理细节都能看得很清楚。如果面部皮肤没有任何细节，虽然看起来特别"光滑"，但不利于磨皮。在磨皮之前一定要做好准备工作，皱纹、青春痘、面部斑点、眼袋等"杂物"都要清除干净。如何处理以上面部皮肤问题，在 14.2.5 小节详细介绍过了。有了以上的基础，我们就可以开始磨皮的工作了。

案例 90

［步骤 1］

　　使用污点修复画笔工具清除少量的皮肤斑点。

［步骤 2］

　　新建黑白调整图层。

［**步骤 3**］

新建曲线调整图层，通过曲线调整图层的对比度。

［**步骤 4**］

选中黑白调整图层和提高对比度的曲线调整图层，按快捷键 Control ＋ G 成组。这个组的作用，是为了更清楚地观察哪部分毛孔需要提亮，哪部分毛孔需要压暗。如果没有这个参照组，我们凭肉眼有时很难观察到何处需要调整毛孔的明暗，而添加了参照组以后，毛孔的问题马上呈现出来，非常明显，从而方便我们来调整。

［**步骤 5**］

新建曲线调整图层，在新建的曲线调整图层中调整曲线，把照片提亮，然后单击"蒙版"按钮，单击"反相"。

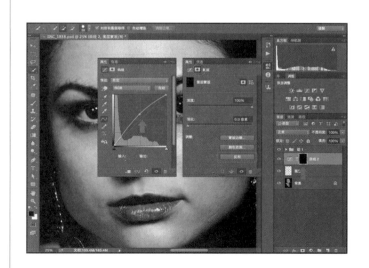

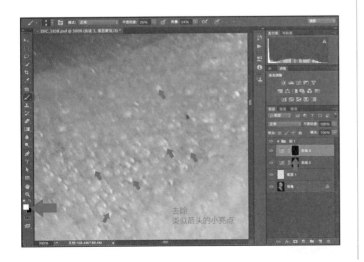

新建曲线调整图层，调整曲线，把照片变暗，选择蒙版，单击"反相"。

[步骤7]

选择提亮的曲线，选择画笔工具，单击鼠标右键，选择画笔硬度为0，前景色为白色。此时画笔的不透明度和流量一定要降得很低，本案例中分别控制在25%左右。在蒙版被选中的同时，放大图像到毛孔级别，一点一点地擦涂需要提亮的毛孔，如左图所示。

注意：这个操作的工作量很大，非常耗时，一定要有耐心，逐步单击毛孔。如果过程中程度不够，可适当地提高画笔的不透明度和流量，程度酌情而定，不要过分提高不透明度和流量。

[步骤8]

选择变暗的曲线，选择画笔工具，单击鼠标右键，选择画笔"硬度"为0，前景色为白色。在蒙版被选中的同时，擦涂需要压暗的毛孔，擦涂的时候同样要注意控制画笔的不透明度和流量。

[步骤 9]

通过短则半个小时、长则一两个小时的擦涂，关闭参照组。如右图所示，前后对比，会发现很多非常细腻的皮肤细节被处理了。

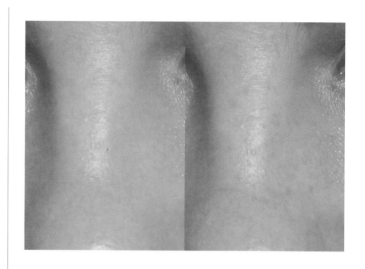

[步骤 10]

最后一步，我往往习惯新建曲线调整图层，适当地提亮曲线，这样能够让皮肤质感更上一个台阶。

修改前

修改后

人物形体的塑造，是整体把握人像摄影后期的关键。本节将从瘦脸、塑形、身高比例、瘦身四个部分来介绍人物后期的形体把握。

14.3
人物整形不用刀
PS 帮您想高招

■ 14.3.1 瘦脸

说到瘦脸，可以说是每个女生最喜欢的后期功能，在 Photoshop 中只需要使用液化工具就能够完成，下面是具体操作。

下颌部分需要修整造型

案例 91

「步骤 1」

复制背景图层，选择"滤镜"—"转换为智能滤镜"。这是一个好习惯，智能滤镜的好处是可以反复修改。

图形虚线为画笔大致大小

「步骤 2」

选择"滤镜"—"液化"，在弹出的对话框中使用向前变形工具，放大画笔，向内推挤下巴。注意画笔的大小要与下巴基本一致，画笔不能太小。

［**步骤 3**］

右图就是调整后的瘦脸效果，是不是很简单呢？

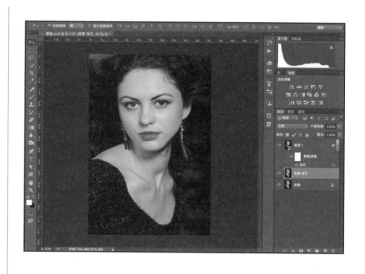

最终效果

原图

14.3.2 人物塑形，眼光很重要

说到人物塑形，讲究的是细节。很多照片看起来没有问题，但是到专业人员眼中却是漏洞百出，下面通过一个实例来看一下。

案例 92

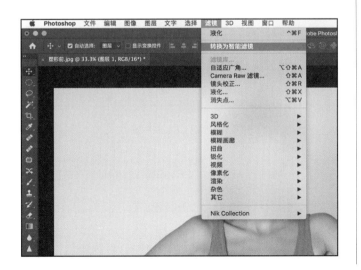

[步骤1]

首先要做的工作并不是使用某个工具开始调整，而是要分析人物的问题，找出需要塑形的关键点。以此图为例进行分析，人物的腰身过平是主要的问题，躯干的曲线完全没有体现出来，肩膀头过于尖锐，手臂局部需要平滑处理，这些都是塑形需要考虑到的问题。

[步骤2]

接下来复制背景图层，选择"滤镜"—"转换为智能滤镜"。

[**步骤 3**]

选择"滤镜"—"液化",在弹
出的对话框中使用向前变形工具,放
大画笔,向内推挤腰部,向外侧推挤
胸部,让躯干有明显的 S 形。

[**步骤 4**]

继续使用向前变形工具轻轻推挤
肩膀头,让肩膀变得圆滑。

[**步骤 5**]

最后轻轻推挤手臂,让手臂更加
顺滑,单击"确定"按钮完成操作。

［步骤6］

对比调整前后的变化，我们发现这些调整能更好地塑造人物曲线形体。

最终效果

原图

■ 14.3.3 完美瘦身，
只需两步

没错，正如标题所言，正常的瘦身工作需要液化和自由变换两个大步骤来完成，这个方法通用性很强。当然，在瘦身之前也要做好人物形体的分析。

案例 93

[步骤 1]

首先进行照片中的人物分析：腰腹部、臀部的赘肉以及手臂的小部分赘肉是我们需要处理的。

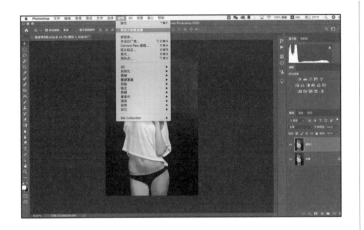

［步骤 2 ］

接下来复制背景图层，选择"滤镜"—"转换为智能滤镜"。

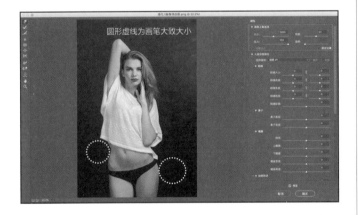

［步骤 3 ］

选择"滤镜"—"液化"，在弹出的对话框中使用向前变形工具，放大画笔，向内推挤腰部、臀部。

［步骤 4 ］

继续使用向前变形工具轻轻推挤手臂部分。

[步骤 5]

接下来使用褶皱工具。适当放大画笔，与腹部大小一致，然后轻轻单击腹部，此时我们发现腹部变平了，单击"确定"按钮完成滤镜部分的工作。

[步骤 6]

接下来按 Alt ＋ Control ＋ Shift ＋ E 组合键盖印图层。

[步骤 7]

选中新盖印的图层，按 Control ＋ T 组合键，为图像做整体的自由变换，此时弹出了变换框，按住 Shift 键的同时，拖曳边框的左侧或右侧，此时照片以正中心为轴向内侧压缩，人物就随着变瘦了。

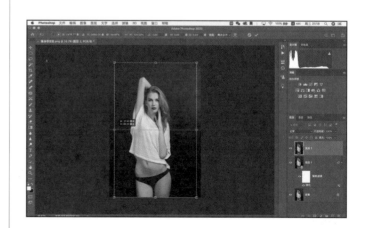

　　按 Enter 键确定操作，人物更瘦了，前后对比效果如下图所示。通过这两步的操作就完成了瘦身的工作。

最终效果

原图

14.3.4 身高不是问题，简单地变形就能满足长高的愿望

对于人物身高的后期处理，一定要分析好，哪里长高合适。找到关键切入点以后，问题就会迎刃而解了。具体的技巧是自由变换配合局部液化。

案例 94

［步骤 1］

观察模特，发现躯干部分明显过于臃肿，造成了人物比例不协调，这是我们需要修改的关键。

[步骤 2]

使用矩形选区工具选择腰部以下的所有内容，如左图所示。

[步骤 3]

按 Control + J 组合键，复制选区的内容到一个新的图层中；按 Control + T 组合键，对人物下半身进行变形处理，向下拉选框，让人物下半身变长。

[步骤 4]

接下来按 Alt + Control + Shift + E 组合键盖印图层。

［**步骤 5**］

使用矩形选取工具，选择人物左手臂部分，如右图所示。

［**步骤 6**］

按 Control + J 组合键，复制选区的内容到一个新的图层中；按 Control + T 组合键，对人物手臂进行变形处理，向右拖曳选框，让人物手臂也适当加长。

［**步骤 7**］

按 Alt + Control + Shift + E 组合键盖印图层。

[步骤 8]

选中新盖印的图层，按 Control + T 组合键，为图像做整体的自由变换。此时弹出了变换框，按 Shift + Alt 组合键的同时，拖曳边框的左侧或右侧，此时照片以正中心为轴向内侧压缩。身高增加以后，配合着让身体变瘦些，也会更有利于长高形体的处理。

[步骤 9]

接下来复制背景图层，选择"滤镜"—"转换为智能滤镜"，并且关闭其他图层。

[步骤 10]

选择"滤镜"—"液化"，在弹出的对话框中使用向前变形工具，放大画笔，适当挤压人物局部的赘肉，人物变高、变瘦了，自然也要跟着把相关的赘肉处理掉。

圆形虚线为画笔大致大小

[步骤 11]

单击"确定"按钮完成滤镜操作。选择"图像"－"裁切"，弹出对话框如右图所示，单击"确定"按钮。

对比前后效果，发现人物不仅仅是长高那么简单，人物形体也会相应发生变化，身材更好了，更瘦了，赘肉更少了。

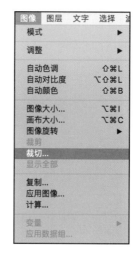

最终效果　　　　　　　　　原图

欧美风人像照片中，画面色调极为统一，即照片当中的多种色彩都被进行了相近似的处理，比如说将绿色、紫色等类似的色彩都统一为与橙色等相近的暖色，或是统一为与蓝色等相近的冷色。这样，最终的画面中色调非常协调，干净。

另外，欧美风人像照片经常会出现一些比较奇特的偏色，这种偏色是有意通过后期打造出来的。这种偏色结合画面的反差控制，会让画面看起来有一种神秘但比较大气的特点。

下面我们将通过一个具体的案例来介绍欧美风人像照片的后期思路和技法。

专题：欧美人像风格精修及调色

图 | 文：千知影像

原图

效果图

在 ACR 当中打开要处理的照片。局部进行放大，可以看到因为是高反差拍摄，所以阴影景物的边缘彩边是非常严重的，图中展示的是呈现有绿色的彩边。

切换到镜头校正面板，如右图所示，勾选"删除色差"，但由于本照片是 JPEG 格式，无法直接调用拍摄时的镜头数据，所以修复效果并不理想。

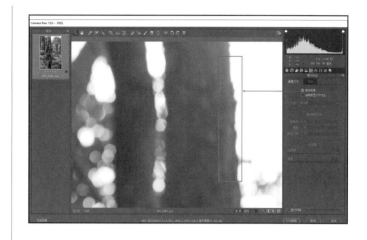

这时切换到手动子面板，如右图所示，在其中定位到修复绿色彩边，让下方绿色色相两个滑块包含进彩边的绿色，然后适当提高绿色数量，这样可以修复掉绿色的彩边，对比处理前后的视图可以看到，绿色的彩边被很好的修复掉了。

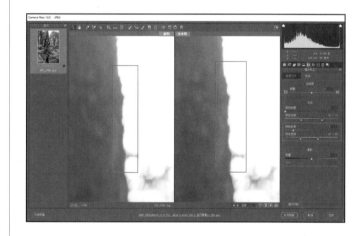

人物发丝边缘存在紫色的彩边。定位到紫色色相，如右图所示，适当提高紫色数量，修复掉紫色的彩边。通过对比可以看到，紫色彩边也被修复了。

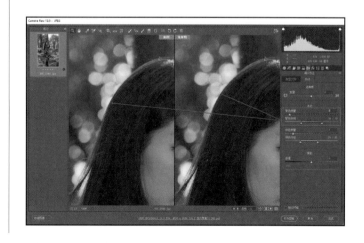

回到基本面板，如左图所示，对照片的影调进行处理。本照片中暗部阴影比较重，因此要大幅度提亮阴影，提高黑色的值，降低高光，因为高光溢出比较严重。大幅度降低高光，提亮暗部之后，画面反差大幅度降低，因此轻微提高对比度，确保照片有相对丰富的影调层次。

因为我们降低了曝光值和高光值，导致人物部分亮度也大幅度降低，需要提亮回来。所以在工具栏当中选择调整画笔工具，如左图所示，将参数设定为提高曝光、提亮阴影，准备对人物部分进行局部的提亮。

为了避免使用画笔涂抹时将人物周边的部分也大幅度提亮，所以勾选参数面板底部的"自动蒙版"，如左图所示。这样，用鼠标在人物部分涂抹时，软件就会自动识别涂抹部分与周边结合的边缘，限定只涂抹人物部分，而避开人物周边的环境区域。这是自动蒙版非常强大的功能。当然，在涂抹时依然要注意，不要让笔触的中心移动到人物之外，否则涂抹区域就变成了人物之外的环境部分，人物反而会被排除到涂抹区域之外。

这样，用鼠标在人物部分进行涂抹，将人物部分提亮，如右图所示。

之后观察效果，如果感觉提亮的效果不够理想，还可以确保在激活调整画笔的前提下，如右图所示，调整参数让人物部分变得更加明亮、自然。

人物部分涂抹完成之后，画面各部分的细节就比较完整了。但此时画面色彩比较乱，因此接下来进行画面色彩的统一和协调。

切换到 HSL 调整面板，切换到色相子面板，如右图所示，在其中对画面的色相进行统一和协调。主要包括让绿色向黄色偏移，让浅绿色向绿色方向偏移。欧美人像当中，根据我们之前的介绍，色彩可以统一为偏暖或是偏冷的色调，本例我们尝试制作偏暖色调，因此调色的方向是让冷色调向暖色调偏移。

切换到明亮度子面板，如左图所示，对背景斑驳的光影进行协调。降低黄色、绿色与浅绿色的明度，让背景的色彩明暗更加相近。

此时环境的饱和度比较高，对人物形成了较大干扰。切换到饱和度子面板，如左图所示，在其中降低黄色与绿色的饱和度，让整个环境的色彩变得浅淡一些，这样可以突出人物的表现力。

协调环境的颜色以及影调之后，下面进行整体影调的重塑。所谓整体影调的重塑，是指整体上压暗环境，提亮主体人物，但要注意避开光线入射的方向。为了让重塑效果更加真实，我们需要微调参数，进行多次的调整。

在工具栏当中选择渐变工具，如左图所示，稍稍降低曝光值，大幅度降低高光值，因为背景当中很多高光部位光影斑驳。在人物左上方制作一个斜向的渐变，这样可以轻微压暗这个部分。

接下来，在人物的周边制作多个渐变，如右图所示。要注意制作渐变时，不要覆盖光线入射的方向，保留光线的轨迹，这样会让画面的影调更加丰富自然。图中展示了我们制作的多个渐变，可以看到光线入射的轨迹部分没有制作渐变。这样，画面中光线从上向下投射的光感依然非常强，但是四周得到了极大的压暗，画面影调层次比较丰富。

接下来，在工具栏当中选择径向滤镜，如右图所示，设定提高曝光值，降低清晰度，降低去除薄雾的值，沿着光线入射方向制作一个光束的轨迹。因为我们要制作暖调的人像，所以适当提高色温值，轻微提高色调值，让光线变得暖一些。经过调整，可以看到光线方向上光感更强。一般来说，高光部分会有一些炫光效果，所以说在调整参数时降低了去除薄雾值，降低了清晰度值，让光感更强烈。

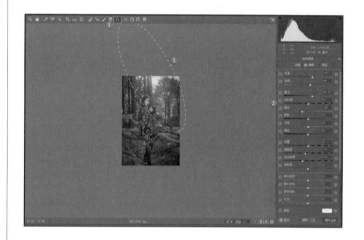

经过调整，就重塑了画面的影调。人物部分变得更加突出，光线非常自然，影调层次非常丰富。回到基本面板，如右图所示，在其中调整画面的色温与色调，协调画面色彩，适当提高自然饱和度的值，让画面的色彩感更强烈，暖调的氛围更强。

改变画面影调与色彩之后，为了让画面的效果更加自然，因此整体上调整画面的影调参数。

　　一般来说，为暗部渲染一定的冷色调，会让画面的色彩效果更加真实，因此切换到分离色调面板，如左图所示，在其中为暗部渲染一定的冷色调。

　　切换到色调曲线面板，如左图所示，切换到点曲线，创建一条 S 形曲线，利用 S 形曲线增强画面反差，提高通透度。一般来说，欧美人像的暗部不会死黑，所以单击选中左下角最黑部位的锚点竖直向上拖动，这样可以强行将最黑的暗部提亮，让暗部变得轻盈一些，有空气感。调整完成之后，单击打开图像按钮。

　　进入 Photoshop 主界面，进入液化滤镜，如左图所示，放大人物面部。因为人物的鼻梁部分有一块凸起，所以选择前推工具，缩小画笔直径大小，将鼻梁上凸起的骨头压缩回去。优化人物面部后，单击"确定"按钮返回。

对照片进行磨皮处理。点开 DR 滤镜，单击一键磨皮按钮，如右图所示，这样可以对人物完成磨皮处理。

完成磨皮之后，按住 Alt 键单击创建图层蒙版按钮，可以为磨皮图层创建一个黑色蒙版，如右图所示，将磨皮效果遮挡起来。

选择画笔工具，将前景色设为白色，适当缩小画笔直径，轻微降低不透明度，在人物面部需要磨皮的位置上擦拭，如右图所示，将光滑皮肤的磨皮效果擦拭出来，就完成了对人物的磨皮处理。

创建一个盖印图层，如左图所示。在工具栏当中选择污点修复画笔工具，对人物面部的一些瑕疵进行修复，优化人物肤质。

整体上观察照片，可以看到无论画质还是整体的影调都已经比较理想。最后，再次进入 Camera Raw 滤镜，选择渐变滤镜，在人物下方背光的一些区域制作渐变，如左图所示。参数设定为降低曝光值、降低高光值、适当的降低色温值，继续压暗暗部并渲染一定的冷色调。

这样，画面的影调与色彩还有画质就比较理想了。

最后，可以对画面进行锐化处理，然后返回 Photoshop 主界面，再将照片进行保存。

第 **15** 章

照片风格后期

摄影是一门艺术，所涉及的作品类型也比较多样化，除一般常见的自然风光、人像写真等题材之外，还有一些特殊风格的作品类型。本章当中，我们将介绍黑白、电影海报等特殊题材照片的后期制作技巧。

15.1
移花接木的照片后期

所谓移花接木，就是最常说的合成了，即将多张照片合成在一张照片里，并通过艺术加工让人看起来很自然。

案例 95

[步骤 1]

本节将通过下面这个实例来给大家讲讲如何实现"移花接木"。首先准备两张素材照片，其实这两张照片是在同样的位置上使用广角和长焦镜头拍摄的。上方图是城市的广阔夜景，由于是长时间曝光，所以月亮是曝光过度的，因为其本来就很亮，并且在画面上太小；下方的图是使用长焦镜头捕捉的月亮的近景，所以曝光合适，颜色也不错，最关键的是能看见月亮上面的细节。

城市夜景的宽广素材

月亮的近景素材

[步骤 2]

将准备好的素材导入到 Photoshop 中，将月亮近景素材拖入到城市夜景图层之上。将月亮图层的模式改为"滤色"，这样画面中的深色就被去掉了。

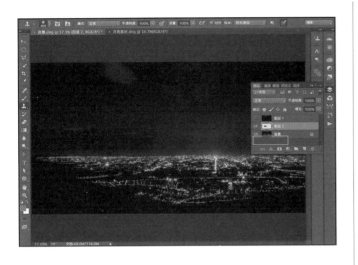

[步骤 3]

此时画面上出现了两个月亮，我们需要将之前画面的小月亮去掉。这里先在背景图层之上建立新的图层，选择工具栏中的"仿制图章"工具，按 Alt 键点取样，然后对小月亮进行涂抹，这样就可以快速将其去掉了。请注意左图中被框选出的位置里的设置。

去除月亮前

去除月亮后

[步骤 4]

打开月亮近景的图层，选择"编辑"－"自由变换"（快捷键Control+T），对月亮的大小和位置进行调整，使其尽量符合常理。

[步骤 5]

对月亮的近景图层添加蒙版，将月亮之外的区域遮挡住即可。最后我们再对比一下合成后的效果。

最终合成好的效果

原图

水墨风格摄影，顾名思义，就是用相机拍出水墨画风格的照片。狭义上是指以黑、白、灰为主体色调，并且具有中国画意味的黑白照片。而从广义上来说，水墨风格摄影是指一切仿国画效果的照片，包括黑白和彩色。

15.2 中式水墨风格后期

摄影：林铭述

案例 96

[步骤 1]

这张山林的照片是在雨后多云的时候拍摄的，整体有种烟雾缭绕的感觉，很有中式山水的味道。

[步骤 2]

在制作效果前先复制背景图层，将其命名为"图层 1"。这个小的细节每次都应该注意，这样当出现问题时不至于找不到原始的素材。选择"图像"－"调整"－"阴影 / 高光"，将"阴影"数量调整到 +15%，"高光"数量调整到 +20%，增加画面的明暗对比。完成后单击"确定"按钮。

［步骤 3］

接下来将图层去色，选择"图像"—"调整"—"去色"，变成黑白的感觉。这里也可以使用"黑白"等其他方式，只要能得到黑白片就行。

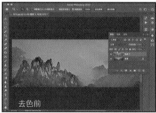

去色前

去色后

［步骤 4］

先将图层 1 复制 2 层，先关闭"图层 3"，再选择"图层 2"。在滤镜库中设置"艺术效果"，选择"干画笔"（其实就是模拟水墨的效果），这样就有了些不错的效果，具体笔刷的设置可以根据画面的大小来设置。记住感觉，千万不要记参数，因为不同的画面效果是不一样的。

接着对"图层 2"这个图层执行"滤镜"—"模糊"—"特殊模糊"命令，设置如左图所示，让整体感觉更接近水墨效果。

接下来再选择"图层 3"，执行"滤镜"—"滤镜库"—"艺术效果"—"绘画涂抹"命令，设置的具体参数如左图所示，这里的操作主要也是加强绘画笔触。

最后，很关键的一点是，对这个图层的模式进行改变，将"模式"设置为颜色减淡即可。

[步骤 7]

接下来调整画面的亮度，这里通过 Photoshop 调整面板中的"曲线"来实现。突出画面的黑白对比，让水墨的感觉更加真实。曲线的调节也是非常常用的，它能够精确地调整画笔的局部。

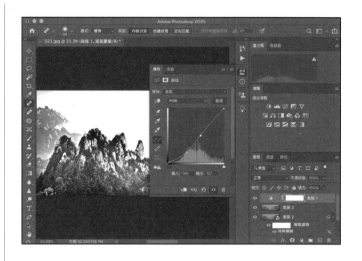

[步骤 8]

新建色相饱和度调整图层，勾选"着色"，将"色相"调整到 +35，"饱和度"调整到 +18，让画面变成仿旧的黄色调。

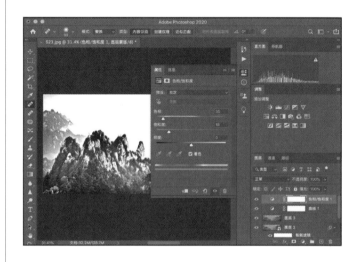

[步骤 9]

增加画面的纹理效果，这是很关键的一点，也是最出彩的地方。选中"图层 3"，单击"滤镜"－"滤镜库"，选择"纹理"－"纹理化"－"画布纹理"，具体设置根据画面效果来确定。

[步骤 10]

　　最后，将提前准备好的书法素材导入到图中，按 Control+T 组合键自由变换，将文字调整到合适的大小和位置，这样就完成了整个中式风格的制作。对比效果如下图所示。

最终制作好的效果

原图

15.3
黑白风格照片处理

作为光影语言，黑与白是摄影这种视觉语言的母语，褪去色彩的黑白影像是恒久不变的经典主题。自摄影艺术诞生至今，黑白摄影（或称为"单色摄影"）仍是众多摄影艺术家和纪实摄影师的心头最爱和唯一选择。此外，尽管传统的黑白暗房已经不再是大多数摄影师的标准配置了，但作为职业摄影师，我从传统暗房中学到的知识为我的视觉能力打下坚实基础，并帮助我更好地理解光线。

案例 97

[步骤 1]

这里我们通过 ACR 来处理黑白风格的照片。将原始照片导入到 Photoshop 中并通过 ACR 打开，观察照片的直方图，发现照片的灰色调非常丰富，缺少对比。

[步骤 2]

单击右侧面板中的"自动"。大多数时候调整画面曝光我都会尝试用"自动"功能，先看看软件计算出来的结果。一般调整的结果都不会太让你满意，但是基本的方向是对的，然后再调整局部细节。

现在，单击右侧面板中的"黑白"，此时你将得到一张外观平庸的黑白照片（但我们会很快改变它）。大部分摄影师都希望创建色调丰富的高对比黑白照片，所以我们要做的第一件事就是确保画面中的高光部分完整，并且暗部有足够的细节。

[步骤 4]

打开黑白混色器面板，单击"目标调整"图标，将鼠标指针放在画面上的蓝天位置上下移动，此时右侧的蓝色开始变化，天空颜色加深，云朵看起来更加生动。再调节树干的颜色，将鼠标指针放在树干位置上下拖动，此时黄色开始被调整出，整体的明亮度提升，树干更加突出。调整时可以将滑块调整到两个极端位置看看对比，然后再微调。

[步骤 5]

大的色调调整好后，接下来对细节进行调整。这里我们打开细节面板，既然要创建对比度高的黑白照片，那就将"锐化"设置为 77，"半径"与"细节"使用默认值，"蒙版"设置为 70（主要是控制明暗交界的位置）。

[步骤 6]

给照片添加合适的暗角效果，这样可以更好地突出主体的枯树。打开效果面板，将"晕影"设置为 –20，"样式"选择高光优先，这样四周就暗下来了，"羽化值"设置为 +69，让周边的过渡更加自然。这样我们就完成了黑白风格的效果调整。

[步骤 7]

用 Photoshop 打开调好的照片进行最后一步——锐化。选择菜单栏中的"滤镜"–"锐化"–"USM 锐化"，使用默认的设置即可。最后得到一张非常满意的黑白风格照片。

修改后

修改前

[步骤 1]

接下来给大家介绍第二种调整黑白风格的方法，这也是我比较喜欢的方式：通过整体的黑白映射来调整，并使用"减淡加深"工具来对画面局部进行调整，最后增加画面的清晰度，并稍微降低曝光度。

[步骤 2]

新建渐变映射调整图层，选择黑白渐变，此时整个人物就变成了黑白效果，并且黑白的感觉还非常好，过渡非常细腻，尤其是黑白层次对比也很好。

[步骤 3]

新建曲线调整图层，利用曲线对整个画面进行提亮操作，如左图所示，让亮部更亮，暗部更暗，这样就提高了画面的对比度。

[步骤 4]

　　将所有图层合并到新建的图层（快捷键Control+Alt+Shift+E），选中此新建图层，在菜单栏中选择"滤镜"－"锐化"－"USM 锐化"，这里设置"数量"为 86%，"半径"为 0.8，"阈值"为 7，这样看起来细节就更加丰富了，这种高对比的效果就完成了。最后我们来对比一下修改前后的效果，如下图所示。

修改后

修改前

在摄影后期中有一种非常常见的处理方式——制作倒影。很多时候摄影师会去拍摄自然的倒影，非常漂亮，而今天我们通过制作简单的倒影给平淡的画面增加光彩，增加意境。本节将通过以下实例来介绍如何制作漂亮的倒影风格照片。

15.4
倒影风格的后期制作

案例 99

[步骤 1]

首先打开这张城市夜景的照片，很漂亮，但是下半部分有些凌乱。如果直接涂黑或裁剪掉都不是很好，制作倒影效果应该比较合适。

[步骤 2]

整个画面是横构图，因此制作倒影下半部分空间不够，所以我们先将整个画面变大。选择"图像"—"画布大小"，将高度改成和宽度一样的尺寸，将定位点设置在第一排中间位置，这样变换后画布就向下延伸了。最后将画布扩展颜色改为"黑色"，单击"确定"按钮即可。

整个画布变成 1:1 的比例关系

〔步骤 3〕

选择工具栏中的矩形选框工具（快捷键 M），将城市上部要制作倒影的部分选出，选择"图层"－"新建"－"通过拷贝的图层"（快捷键 Control+J），双击图层缩略图上的文字，将其重新命名为"倒影"。这样我们就得到了制作倒影素材所需要的部分。

〔步骤 4〕

接下来制作倒影。选择"倒影"图层，选择"编辑"－"自由变化"（快捷键 Control+T），此时出现控制按钮。首先将中间的控制点移动到制作倒影的位置，然后将上面中间的控制点拖动到下方，倒影效果基本就出现了。

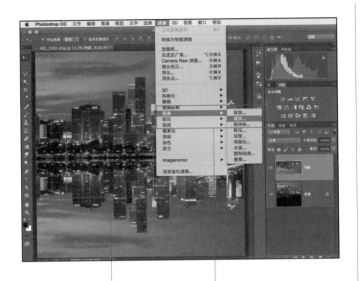

现在看起来不够真实，需要给倒影图层增加一些水波纹，选择"滤镜"－"扭曲"－"波纹"。在弹出的"波纹"对话框中，设置波纹大小为"中"，数量是控制波纹明显程度的，数量越大越明显，这里我们设置为 213%，放大局部就可以清楚地看见波纹效果。

放大 100% 后的水波效果

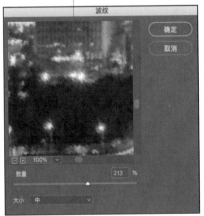

接下来对倒影图层添加蒙版增加画面真实感，选择工具栏中的"渐变工具"对蒙版图层添加黑白渐变，并将倒影图层的不透明度改为 90%，这样看起来就更真实了。在以往的倒影制作经验中我们发现，很多细小的改变，对画面的影响是很大的。

［步骤 7］

调整好后，整体的效果还是很不错的，倒影的感觉有了，并且让整个城市的感觉提升了一个档次，原来的缺陷也被替换掉了。这种方式经常在摄影后期中使用，除了上下倒影还可以制作左右对称的效果，有时也会得到意想不到的好照片。

最终效果

原图

有时候，当我们看到摄影师们给照片重新调整的色调，总希望有一天自己能调得出来；有时想用Photoshop 修出 Instagram 上的滤镜效果，却又不知从何下手。其实，只要使用 Photoshop 中的"匹配颜色"，无论是哪位摄影大师的色彩风格、电影海报甚至是百年名画上的色彩，都可以套用在你的影像作品上。

15.5
好莱坞
电影海报风格后期

案例 100

以下我将通过电影海报做示范。相信不少朋友一碰到后期调色就僵在屏幕前面不知从何下手，但是在看见怀旧色彩或日系清新风格的影像作品时，总是抱着欣羡的心情，期待有一天能与制作这些影像风格的摄影师一样，调出色调相仿的照片。Photoshop 中的"颜色匹配"功能，大部分的教程中多在修正白平衡或取代颜色时使用，其实它也能让大家轻轻松松地复制其他影像作品的特定颜色，并套用在自己的照片上。

[步骤 1]

准备海报素材。这里我们先来制作一幅好莱坞电影海报，将人物与景色合并在一起。

[步骤2]

首先改变背景图的大小比例关系, 选择工具栏中的"裁切"工具 (快捷键 C), 并将背景色设置为天空的颜色, 然后进行裁切, 这样就先准备好了海报的底图。

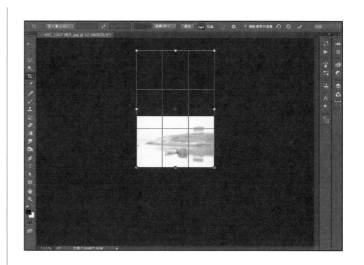

[步骤3]

将人物素材导入到背景图中, 调整大小与位置放置。单击图层面板底部的蒙版图标, 给人物图层添加蒙版 (蒙版的作用是局部遮挡, 在蒙版中黑色代表完全遮挡, 白色代表完全透明, 中间过渡的灰色代表半透明), 并添加"黑白渐变", 这样就很好地制作出了背景和人物的融合效果。这是非常常用的功能, 尤其是在后期合成中基本上都会用到。

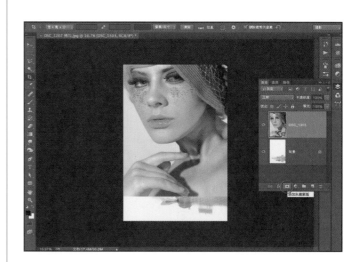

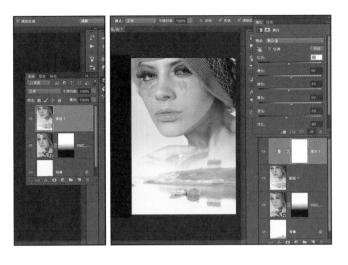

　　将合成好的效果图盖印图层（快捷键 Control+Alt+Shift+E），然后新建黑白调整图层，对局部颜色进行调整，让整体画面统一，主要是对人物面部进行提亮。

　　接下来对整个画面添加单色调，勾选黑白调整面板中的"色调"，设置颜色值如左图所示。

〔步骤 6〕

给画面添加杂色，选择"滤镜"－"杂色"－"添加杂色"，这里将"数量"设置为 14.21%，选择"高斯分布"，这样整体好莱坞的电影海报风格就基本完成了。

〔步骤 7〕

为海报添加文字及效果，在工具栏中选择合适的字体（快捷键 T）并调整位置和大小，然后为字体添加阴影效果。我们的海报就基本制作完成了，接下来就是通过 Photoshop 中的匹配颜色功能来将海报调整成经典颜色。

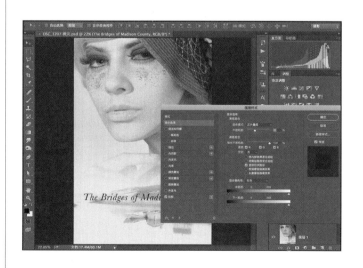

　　将目标海报载入到 Photoshop 中，将合成好的效果图盖印图层（快捷键 Control+Alt+Shift+E），然后选择做好的海报文件，单击"图像"－"调整"－"匹配颜色"，在弹出的对话框中将"源"设置为目标海报文件，然后对图像明亮度、颜色强度、渐隐进行微调整。这样，海报的颜色和感觉就与目标海报风格一致了。

　　最后我们来看一下对比的效果，类似的风格与颜色得到了很好的映射。颜色匹配功能主要是针对不同来源的素材，在合成时匹配得更好。

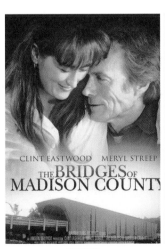

目标风格　　　　　　　　　最终效果

15.6
如何制作
动感十足的飞车场面

我们经常会在飞车大片中看到特别炫而且背景虚化，很有速度感的照片。其实我们在实际拍摄中是有可能拍摄到这样的效果的，这种拍摄叫作跟随拍摄，难度比较大，对拍摄者的技术要求比较高。但是一般快门速度比较快时都能够拍摄到下图所示这种效果。通过简单的几步就可以制作出具有速度感的画面了。

案例 101

［步骤 1］

首先来看下面这个实例。本来是一个很有速度感的运动，拍摄出来都是静止的，这就是我们经常拍摄到的照片，这时就需要画面有一些运动感。

［步骤 2］

先将背景图层复制一层，对复制的背景图层执行"滤镜"—"模糊"—"动感模糊"。这里的角度和距离是最关键的，设置好了效果就明显，本案例中将"角度"设置为 -3 度，"距离"设置为 294 像素，动感的背景就制作出来了。

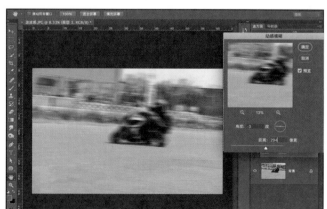

［步骤 3］

　　将背景图层再复制一层（快捷键 Control+J），将其改名为 "1" 并拖曳到最上一个图层，选择工具栏中的快速选择工具将骑摩托车的人物快速勾选出来，勾选 "增强边缘"。最后得到了一张带有图层蒙版效果的照片。

［步骤 4］

　　最后，我们发现动感的效果非常好，但是背景中的模糊边缘有些重影效果，需要将它去除掉。在模糊图层之上新建一个图层，使用 "仿制图章工具"，将重影的地方去除即可。

[步骤 5]

最后对比一下效果，可以看到整个画面的速度感还是非常好的。

最终的效果

原图